XINSHIDAI WANGLUO KONGJIAN ZHILI
YU WANGLUO WENMING JIANSHE TIXI YANJIU

新时代网络空间治理与网络文明建设体系研究

杨选华　郭　清◎著

中国广播影视出版社

图书在版编目（CIP）数据

新时代网络空间治理与网络文明建设体系研究 / 杨选华，郭清著. -- 北京：中国广播影视出版社，2024. 2
ISBN 978-7-5043-9217-6

Ⅰ. ①新… Ⅱ. ①杨… ②郭… Ⅲ. ①互联网络－文明建设－研究－中国 Ⅳ. ①TP393.4

中国国家版本馆 CIP 数据核字（2024）第 071950 号

新时代网络空间治理与网络文明建设体系研究
杨选华　郭　清　著

责任编辑　王　波
责任校对　马延郡
装帧设计　中北传媒

出版发行　中国广播影视出版社
电　　话　010-86093580　010-86093583
社　　址　北京市西城区真武庙二条 9 号
邮政编码　100045
网　　址　www.crtp.com.cn
电子邮箱　crtp8@sina.com

经　　销　全国各地新华书店
印　　刷　三河市龙大印装有限公司

开　　本　710 毫米 × 1000 毫米　1/16
字　　数　231（千）字
印　　张　18. 25
版　　次　2024 年 7 月第 1 版　2024 年 7 月第 1 次印刷

书　　号　ISBN 978-7-5043-9217-6
定　　价　98. 00 元

前　言

随着数字化时代的到来，网络空间已经成为人们工作、生活不可或缺的组成部分。网络空间治理和网络文明建设已经成为目前全球关注的焦点。本书选取“新时代网络空间治理与网络文明建设体系”研究，为的是助力网络空间治理和网络文明建设。

全书共分为七个章节，涵盖了网络空间治理和网络文明建设的概述、理论研究、实践创新和未来发展趋势等方面内容。第一章通过对新时代网络空间治理的背景和核心要义进行探讨，介绍了网络空间发展的阶段性特征、国际经验与中国特色实践，阐述了新时代网络空间治理的重要性和紧迫性，全面深入地解析了新时代网络空间治理的核心要义。第二章解析了网络空间治理的“四项原则”“五点主张”，探讨了网络空间治理制度体系的建立和完善。第三章主要介绍了网络综合治理体系的实践创新，包括网络综合治理体系的理论内涵与中国实践、治理体系的建设与创新、网络空间的营造、综合治理的长期策略等内容。第四章探讨了网络文明建设的理论基础与战略方向，包括网络文明建设的丰富内涵、巨大价值和战略方向。第五章分析了网络安全防护与网络文明建设的关系，介绍了网络安全的重要性和紧迫性、建立健全网络安全应急机制以及推进网络安全和网络文明建设的协同发展等。第六章介绍了新时代网络文明建设的实践创新，包括网络文明建设实践成就综述、生态文明建设成就与经验启示、新时代网络文明建设的实践路径等内容。第七章探讨了未来网络空间治理与网络文明建设的发展趋势，包括 5G 时代网络空间治理与网络文明建设的挑战和机遇、未来中国网络空间治理的新思路、数字中国建设的战略规划和发展路径等内容。

本书的研究对象是“网络空间命运共同体”视域下的网络空间治理和网络文

明建设，通过较为全面深入的系统研究，挖掘网络空间治理和网络文明建设的内在规律和发展趋势，提出了一些理论层面和实践层面的新思路、新对策，以期助推网络空间治理和网络文明建设，助力网络空间治理和网络文明建设迈上新的台阶，为建设数字中国、实现中华民族伟大复兴，略尽绵薄之力，有所建言献策。

杨选华　郭清

2023年4月

目　录

第一章　新时代网络空间治理的背景和意义

在数字技术高速发展的今天，网络空间已经成了人类生产、生活中不可或缺的重要空间。但网络空间同时也存在诸多问题，这就需要进一步加强网络空间的治理，以应对当下社会发展的新形势、新问题、新需求和新任务。本章主要围绕新时代网络空间治理的背景和意义，探讨了网络空间发展的阶段性特征，介绍并分析了网络空间治理的国际经验与中国特色实践，阐述了新时代网络空间治理的重要性和紧迫性，全面深入地解析了新时代网络空间治理的核心要义，为我国新时代网络空间治理和发展助力。

第一节　网络空间发展的阶段性特征

网络空间又称“赛博空间”，这个词来源于一部小说。1984 年，移居加拿大的美国科幻作家威廉·吉布森（William Gibson）出版了一本名为《神经漫游者》（*Neuromancer*）的小说。故事描写了受雇于某跨国公司的反叛者兼网络独行侠凯斯，被派往全球电脑网络构成的空间，去执行一项极具冒险性的任务。当进入这个巨大的空间时，主人公并不需要乘坐飞船或火箭，只需在大脑神经中植入插座，然后接通电极，电脑网络便能被他感知。电脑网络与人的思想意识合二为一后，即可遨游其中。在这个广袤的空间里，看不到高山荒野，也看不到城镇乡村，只有庞大的三维信息库和各种信息在高速流动。吉布森将这个虚拟的空间命名为“赛伯空间”（Cyberspace）。至此这个词开始逐渐被广泛使用，指代增强现实或虚拟现实环境，也就是我们现在所说的“网络空间”。

吉布森提出的“赛伯空间”概念深刻影响着后来的虚拟现实（Virtual Reality，缩写为 VR，又称虚拟实境或灵境技术，是 20 世纪发展起来的一项全新的实用技术）技术和理论，为虚拟现实技术的发展提供了无限的想象。“赛伯空间”带来的不仅是技术上的革新，也是人们重新思考自身与现实世界的关系，让人们对人与科技的未来关系产生了更多想象，试图去开创一种新的文化形式和社会组织方式，而这正是人类未来文明重要的发展方向。这也是“赛伯空间”概念广泛流传的原因。

作为信息技术革命的产物，“赛伯空间”，即网络空间的出现极大地拓展了人们获取信息和知识的渠道。人们通过它，不仅可以方便、快捷地查阅各种资料和信息，同时还能拓宽视野，不断更新知识。网络空间也增进了人与人之间的交流，极大地方便了远距离的信息传播，加强了长期分离人群之间的联系。这种广泛开放的交流方式也促进了文化的交流和相互理解。但与此同时，网络空间的出现也给我们带来了一定的负面影响。

第一，网络中存在着信息过载和信息碎片化的情况，导致部分网络用户出现信息焦虑和注意力障碍。

第二，网络中存在着一些虚假信息和网络诈骗的情况，容易导致部分网络用户受到经济损失。

第三，网络中的过度社交联络也可能引起部分网络用户社交焦虑和真实社交活动频率的减少。

第四，网络的开放性和匿名性导致网络言论无法及时受到社会道德制约，进而导致网络言论中存在侮辱、谣言等有害信息。

总之，网络空间利益与风险并行，全面分析计算机互联网络发展的各个阶段及其特征，不但可以帮助我们更好地理解信息技术是如何深刻改变世界的，更重要的是有助于我们加强网络空间治理和网络文明建设，从而使人类社会在新技术的驱动下，向着更高效、更加人性化的方向发展。

一、全球计算机网络发展的阶段性特征

全球计算机网络发展大致经历了四个阶段：以单机计算为中心的多终端联机系统时期，计算机与终端互联，实现远程访问；分组交换网络兴起时期；网络标准化与互联时期；全球信息互联网时代。各阶段发展状况及特点具体如下。

（一）以单机计算为中心的多终端联机系统

20 世纪 50 年代至 60 年代，计算机网络进入了面向终端的阶段，以主机为中心，通过计算机实现了与远程终端的数据通信。

该阶段的特点是以主机—终端为结构，所有计算和控制功能集中在主机，终端只能进行简单的输入、输出操作；网络规模很小，只在特定机构内部使用，无法实现不同网络之间的互联互通；网络技术仍不成熟，只能通过专用线路实现终端连接；适用范围非常有限，主要服务于军事、科研等特定用途，

无法面向社会公众；没有出现网络标准，各个网络采用不同的软硬件体系结构，互不兼容。

（二）分组交换网络兴起时期

20 世纪 60 年代中期，分组交换技术使不同类型网络之间实现了互联，各个分散的网络通过分组交换中心互联，可以在不同类型网络间传输信息。

该阶段的特点是出现分组交换技术，能够实现不同类型网络的互联，信息可以在不同类型网络之间传递；采用统一的传输控制协议（Transmission Control Protocol，TCP），使不同类型网络之间实现互操作与互联，信息传输更加高效；网络开放的规模逐渐扩大，开始面向大学和研究机构，适用范围扩展到了教育与科研领域；网络功能增强但还比较简单，主要用于远程登录和文件传输等基本操作；网络开放度增加但还不完全开放，大多数只面向特定高校或研究机构。

（三）网络标准化与互联时期

20 世纪 70 年代至 80 年代初，出现了 X.25 标准和 TCP/IP 协议，典型网络有 UUCPNET[①] 和 USENET[②]。不同网络采用通用标准实现互联互通，信息在网络间传输，用户可以通过本地网络访问其他网络资源。

该阶段的特点是统一的 X.25 标准和 TCP/IP 协议的产生，实现不同类型网络之间的互联互通；规模更加庞大的网络，让适用范围扩大到了大学与研究机构；支持各种网络应用的产生，如电子邮件和新闻组等，网络功能显著

① UUCP 即 UNIX 间复制协议（Unix to Unix Copy Protocol）的缩写，它同时包括一个电脑程序以及一个协议，UUCP 允许在未连上 Internet 的 UNIX 主机间远程执行命令以及传送文件。

② 创建于 1981 年的广域网，用于教育和科研机构的大型计算机之间提供电子邮件和文本传输服务，可与 Internet 连接。

增强；网络开放度进一步提高，不同类型网络之间实现互联，用户可以通过本地网络访问更为广泛的资源；网络管理变得更加复杂，需要通用的网络管理手段来控制不同类型网络之间的互联互通。

（四）全球信息互联网时代

20 世纪 90 年代，随着数字通信的出现，计算机网络进入全球高速信息互联时代，出现了高速互联网和万维网，典型上网方式有光纤网络和互联网路由器等。

该阶段的特点主要体现在高宽带、高智能和高协同，此时高速光纤网络与互联网也实现了信息全球的高速传播，网络规模也开始扩大；产生了大量的网络服务与应用，同时改变了社会生活的方式，至此互联网开始渗透到了各行各业；随着网络完全开放，逐步开始面向全社会及公众使用的同时，互联网也承担了重要的社会基础设施职能；网络功能的丰富，支撑各种社会活动，已经成为社会运转不可或缺的要素；网络标准全面成熟，包括物理层、数据链路层、网络层、传输层和应用层等标准。

上述四个阶段清晰完整地反映了信息技术深刻改变世界的过程。从各阶段的特征中可以看出，全球计算机网络规模、功能、开放程度和标准化水平的逐步提高，这也是社会信息化发展的写照。全球计算机网络的发展最终构建成了如今信息自动化和网络化的社会基础设施，深刻改变着人类社会运行机制和秩序。

二、我国互联网发展的阶段性特征

随着我国互联网发展与全球计算机网络发展相适应，从开始的只有少数人能使用到大众化的广泛普及，其中共经历了四个不同的发展阶段，每个阶段也各有其特点。

（一）与国际互联网连接阶段

20 世纪 90 年代，这一阶段我国积极进行技术牵引，政府及科研单位开始在国内部署互联网基础设施。历经数年的努力，互联网从信息检索到全功能接入，再到商业化的探索，与国际互联网的初次连接，这些工作都进一步推动了我国互联网的发展。

1994 年 4 月 20 日，连接着数百台主机的中关村地区教育与科研示范网络工程，成功实现了与国际互联网的全功能连接。1994 年被称为中国互联网的元年。[①] 在中国实现与国际互联网的全功能接入以后，科研单位开始着手中国互联网基础设施和主干网的搭建，同时也有很多民营企业加入进来，主要是搭建 CN 服务器和主干网络以及搭建瀛海威时空主干网。同年 5 月 21 日，中科院计算机网络信息中心完成了中国国家顶级域名 CN 服务器的设置，改变了中国的 CN 顶级域名服务器一直放在国外的历史。1995 年，中国通过 MCI 通信公司获得国际互联网商业网关。1996 年 4 月，中国电信开始提供全国性的商用互联网接入服务，这标志着中国互联网服务的商业化运作正式开始。1998 年，中国互联网市场出现爆发式增长。这一年中国的域名注册数量激增，涌现出一大批中国网站。随着互联网在社会中作用日益提高，互联网的

① 时间财富网：《中国接入互联网时间》，https://www.680.com/it/2008/wangl-339684.html，访问日期：2023 年 8 月 1 日。

商业应用也开始迅速发展。此时的中国门户网站、搜索引擎、电子商务网站等相继出现，互联网企业中甚至产生了一些上市公司，互联网产业也成为中国经济的一匹“独角兽”。

该阶段的特点是我国互联网处于起步阶段，与国际主流技术和产业存在较大差距。在部分城市部署互联网基础设施，网民数量较少，互联网主要用于获取信息和娱乐。但随着这一阶段的发展和革新，也为我国未来互联网的发展奠定了基石，是我国互联网发展的一个重要转折点和里程碑。

（二）建设网络大国阶段

2000—2009 年这一阶段，我国宽带网络发展迅速，网民数量也大幅激增，我国因此也成为全球互联网大国。中国还创造了互联网发展的三项世界第一：网民数量跃居世界第一；宽带网民数量居世界之首；CN 域名成为全球注册量最大的域名。

截至 2008 年 12 月 31 日，中国网民规模已达到 2.98 亿人，[①] 位居世界首位。中国巨大的网民群体为互联网企业提供了广阔的市场发展空间，同时也衍生一大批成功的互联网公司。2008 年 7 月 22 日，中国 CN 域名注册量以 1218.8 万个的注册规模全面超过德国 .de 域名，成为全球最大的国家顶级域名。[②] 这一数据表明中国网站数量开始呈现爆炸式增长，互联网在中国社会生活和经济中的地位也变得日益重要。

中国互联网产业的发展从过渡到成熟，进一步表明了互联网产业已逐渐成为中国经济新的增长点。同时也成为全球互联网急速发展的主要驱动力。

---

① 中国互联网络信息中心：《第 23 次中国互联网络发展状况统计报告》，https://www.stdlibrary.com/p-4724901.html，访问日期：2023 年 8 月 1 日。

② 同上。

中国模式的互联网企业，如BAT（中国互联网公司三巨头简称BAT，B指百度、A指阿里巴巴、T指腾讯）等公司在全球范围内展现强大的影响力，也有力地推动了中国经济社会的发展进程。同时中国庞大的互联网市场也吸引了来自全球互联网巨头的关注，如Facebook（脸书）、亚马逊、eBay（易贝）等公司，这也进一步见证了中国的互联网市场在全球范围内的影响力和地位。这标志着互联网的中心已经向东转向了中国，以崛起之势打破了长期由西方主导的互联网产业格局。

该阶段的特点是宽带网络在我国得到了快速发展，中国开始在这个领域展现领先的力量。3G网络的部署使移动互联网兴起，网民数量激增至上亿，我国开始跻身互联网大国行列。中国互联网进入了高速发展时期，基础设施和产业开始实现快速跨越。

（三）建设网络强国阶段

2009—2015年，3G和4G网络进一步推动了中国移动互联网的飞速发展，我国互联网企业开始强势崛起。从微博的盛行到2012年移动互联网市场的爆发，移动应用与信息流型社交网络开始并存，真正体现了互联网的社会价值和商业价值，呈现出一片繁荣的景象。

微博的盛行、智能手机的广泛使用进一步引发了移动互联网浪潮，很多用户都开始通过移动设备上网，这也使中国成为全球最大的移动互联网市场。在这一时期同时也涌现出一批成功的电商运营公司，如京东、阿里巴巴等。随着电商的快速兴起和发展，网络购物也迅速渗透到社会的各个层面，同时改变了人们的生活方式。2013年，我国电子商务交易总额超过10万亿元，其中网络零售交易额大约1.85万亿元，[①]交易规模位居世界第一。

随着移动支付的出现，第三方支付平台兴起，网络支付在便利了人们商业活动的同时，也产生了巨大的经济和社会效应。中国也逐渐成为全球最大的移动支付市场。随着联通、电信实现全国覆盖，带宽大幅提高。一批高科技网络公司也相继诞生，如网易、百度、字节跳动等。中国互联网从以门户和电商为主，逐渐开始转向搜索、社交、网络视频、网络游戏、大数据等新兴互联网行业。除此之外，云计算、区块链等新兴技术在这一时期也得到了广泛应用。

该阶段的特点是移动互联网飞速发展，社交网络、电子商务蓬勃兴起，互联网巨头企业崛起，网民规模达到世界第一。政府大力支持互联网基础设施建设和技术创新。我国成为全球最大的电子商务市场和移动支付市场，网民生活深度依托移动互联网。我国的网络强国地位得到进一步巩固。

（四）“推动构建网络空间命运共同体”阶段

2015年至今，新的科技革命和产业变革加速演进。新技术、应用、业态方兴未艾，互联网迎来了更加强劲的发展动能和更加广阔的发展空间。构建网络空间命运共同体也成为中国的时代选择，更是为世界交出的一份答卷。中国实施网络空间国际合作战略的目的是加强网络安全和网络主权，推动了新技术发展，提高整体网络安全保障能力。网络空间建设在此时期逐渐成为国家新兴领域。中国构建开放、协作、共享的网络空间也成为重要的发展方向。

2015年12月16日，习近平总书记在第二届世界互联网大会开幕式上指

① 中央政府门户网站：《商务部：我国超过美国成为世界最大网络零售市场》，https://www.gov.cn/xinwen/2014-03/09/content_2634943.htm，访问日期：2023年8月1日。

出:“网络空间是人类共同的活动空间，网络空间前途命运应由世界各国共同掌握。各国应该加强沟通、扩大共识、深化合作，共同构建网络空间命运共同体。”①

2016年11月16日，第三届世界互联网大会在浙江乌镇开幕。习近平总书记在开幕式上通过视频发表讲话时指出:“互联网发展是无国界、无边界的，利用好、发展好、治理好互联网必须深化网络空间国际合作，携手构建网络空间命运共同体。”②

2019年10月20—22日，第六届世界互联网大会在浙江乌镇召开。本次大会以“智能互联开放合作——携手共建网络空间命运共同体”为主题。进一步表明构建网络空间命运共同体已经成了世界各国网络治理和网络文明建设的共同理念。

2022年11月7日，国务院新闻办公室发布的《携手构建网络空间命运共同体》白皮书指出，构建网络空间命运共同体要“尊重网络主权”“维护和平安全”“促进开放合作”“构建良好秩序”的基本原则。③白皮书还介绍了新时代中国互联网发展和治理理念与实践，分享了中国推动构建网络空间命运共同体的积极成果，展望了网络空间的国际合作前景。

该阶段的特点是我国政府提出并推动“网络空间命运共同体”的理念。我国互联网公司积极布局全球市场，我国在成为全球数字经济和AI强国的同时，还要在全球互联网治理中发挥着重要作用。目前我国互联网已经与全球

---

① 共产党员网:《学习语｜让互联网更好造福国家和人民》，http://www.sxdygbjy.gov.cn/llxx/xxls/art/2023/art_9067779da2844615821db2567e8cccba.html，访问日期：2023年8月1日。

② 党建网:《习近平：加快构建网络空间命运共同体》，http://news.cctv.com/2022/11/11/ARTII2sV7b5ZtfWLb8z2KS7N221111.shtml，访问日期：2023年8月1日。

③ 新浪财经:《〈携手构建网络空间命运共同体〉白皮书》，https://finance.sina.com.cn/china/gncj/2022-11-07/doc-imqmmthc3581196.shtml，访问日期：2023年8月16日。

互联网深度融合，成为全球数字产业链的重要一环，对全球网络空间产生了重大影响。

上述四个阶段表明，中国政府和企业在互联网基础设施建设、技术创新、产业发展和国际合作等方面作出了重大贡献，推动了中国互联网的快速发展与全球互联网的深度融合。

第二节　网络空间治理的国际经验与中国特色实践

互联网给人类的生活带来了巨大的改变，让人们的生活、工作变得更加便利，但互联网也是一把双刃剑，网络空间的开放性让互联网中充斥着海量信息，其中包含一些潜在的不良信息，威胁着网络用户的上网安全。

网络空间本身具有去中心化和无边界的特性，信息可以跨境自由流动，这使得任何一个国家的网络事务都可能产生全球性的影响，也可能受到来自全球的影响。这就要求在世界范围内必须就网络空间的规则和原则达成更为广泛的理解和合作。

网络空间的互联互通让全球面临共同的网络安全威胁，如网络攻击、黑客诈骗等。这些威胁因不受地理范围限制，所以需要国际社会一起联手应对。某个国家的网络系统一旦被攻击，其恶劣影响甚至可能会蔓延全球。为了进一步有效应对网络安全威胁，各国应在网络空间的安全领域开展更为紧密的合作。

不断发展的网络空间催生了诸多社会现象，如网络犯罪、网络欺凌、网络成瘾、网络暴力等。这些现象普遍存在于全球互联网空间中，并给社会带来了一定的不良影响，也让部分网络用户受到伤害。为了应对网络空间中的不良现象，各国政府除了建立相应的法律法规，还要协同其他各国一起努力，共同应对网络空间中所出现的负面社会现象。

目前，全球范围内的经济活动和信息交换越来越多地开始依托网络空间进行。这就需要全球必须就网络空间相关的商业规则、个人信息保护等达成广泛共识，为网络空间的经济社会活动提供一定的制度保障。

除上述这些因素的综合作用外，网络空间治理和网络文明建设也成为当前一个全球性难题。这也让各国意识到，网络空间共治需要通过广泛的国际合作才能实现。

在网络空间这个新领域中，传统的政治和文化边界开始逐渐变得更模糊，全球网络数据肆意流动，也为全球治理带来了新的挑战。此时，世界各国意识到网络空间治理不能依靠单一国家，而是需要在共同努力下完成，构建出一个完善的国际合作机制。因此，各国开始在联合国、国际电信联盟等多边框架下就网络空间规则进行讨论，并建立了“网络空间国际合作伙伴关系”等新的合作机制。在当前，全球面临着复杂的跨境网络犯罪，以及网络成瘾、青少年网络沉迷等网络文明问题。这让各国政府意识到问题的严重性，同时一些非政府组织和互联网公司也开始关注这些议题，并积极推动开展全球性的相关合作。在网络伦理、网络文化及网络社会影响等方面展开了一系列的交流，进一步促进和完善了网络空间的构建。

目前，加强网络空间治理已成为国际社会的共识，许多国家也开始以开放和包容的心态对待，在各国现有机制的基础上开始不断创新和完善全球网络治理的规则体系和合作机制，以应对未来网络空间给人们带来的挑战和机遇。所以，世界各国的实践和经验，都值得我们进行充分研究和学习。

一、网络空间治理的国际经验

美国、英国和日本是较早普及互联网的几个国家，在网络综合治理领域积累了较多的实践经验和研究。借鉴和研究这些国家的网络空间治理案例，并取其精华，去其糟粕，可以更好地为我国构建网络空间治理体系提供参考依据。

（一）美国采取的互联网治理措施

互联网的发展历程最早可以追溯到20世纪60年代末和70年代初的美国，20世纪90年代开始，美国互联网开始向商业化方向发展。近年来，随着互联网的发展，安全问题日益突出，美国也越来越重视网络安全建设。

1. 组建网络安全机构

在组织管理方面，美国为保证网络安全治理能够持续有效的开展，积极组建了相关的网络安全机构，并逐步构建了网络安全治理组织体系。美国政府下属有美国计算机应急响应小组、联合作战部队全球网络行动中心、国家网络调查联合任务小组、情报界网络事故响应中心、网络空间安全威胁行动中心和国防网络犯罪中心六大网络安全专职机构。后续还成立了网络空间政策评估小组、白宫网络安全办公室、全国通信与网络安全控制联合协调中心等。

2. 出台网络空间战略文件

在顶层设计方面，美国于2021年累计出台了逾20份网络空间战略文件，又于2023年4月发布了《国家网络安全战略》，详细阐述了政府对美国网络安全的顶层规划和全面部署。这些文件旨在打造一个可靠、安全和可持续发展的数字环境，推动美国在网络空间的领导地位。

3. 重视基础设施的优化升级

在基础设施方面，美国高度重视基础设施的优化升级，采取多种手段确保网络基础设施的安全。此外，美国紧跟大数据时代的潮流，出台了《数据问责和透明度法案》《开放政府数据法案》等一系列文件，利用数据开放助力信息基础设施建设。美国还对关键基础设施，如电力等进行网络空间防御部署。这些举措也使美国在网络空间具有相对优势。

（二）英国采取的互联网治理措施

英国互联网发展起步较早，始终处于世界互联网发展的第一阵营，在互联网基础设施、互联网产业、互联网应用、互联网治理等方面成为全球瞩目的优秀示范。英国互联网发展的首要目的是创造良好的经济发展环境，并致力于在全球保持领先地位。在发展路径上，政府始终以行业发展需求为核心进行顶层设计，并非常注重集合社会力量，共谋互联网发展与治理。[①]

1. 颁布实施法律规范

英国注重互联网自律管理，颁布实施了许多网络综合治理相关的法律规范，诸如《计算机滥用法》《R3 安全网络协议》《通信监控权法》《调查权利法案》《通信数据保护指导原则》《政府网络安全战略》《通讯数据法》等。此外，英国还制定了互联网相关的安全技术信息标准 BS7799，规定了一百多个安全控制措施。

2. 支持行业自治

英国支持行业自治，其互联网自律管理的主导机构是互联网观察基金会（Internet Watch Foundation，IWF），它是由互联网行业的企业和组织组成，并

① 王蔚：《以经济发展为核心 以领跑全球为愿景——英国互联网发展与治理报告》，《汕头大学学报（人文社会科学版）》2017 年第 7 期。

独立运作。该基金会负责收集与网络有害信息相关的报告，对涉及儿童色情、仇恨信息等违反英国法律与道德的互联网内容进行审查和过滤。一旦发现这些违法信息，基金会可以直接通知网络服务提供商删除相关内容。此外，英国还有其他互联网自律组织，如网络广告标准管理局以及互联网服务供应商协会等。这些组织制定了行业标准与服务守则，并推动会员企业共同遵守，在涉及隐私、网络安全、数据保护等方面进行了自律管理。

3. 实行网民教育

网民教育是英国加强互联网自律管理的重要措施。英国在中小学和家庭开展网络安全教育，通过发行教材与指南，教育学生和家长如何在使用社交网络、电子商务等方面做到心智健康和信息安全。英国还注重培养青少年的网络道德与创新精神。在中小学开设编程与信息技术课程，让学生从小就能熟悉互联网技术及使用方法。政府与企业合作，开展创建了网络内容的竞赛与课外活动，鼓励学生创造有益的网络信息并关注网络社会问题。除了对未成年人的教育，英国各部委与网络服务提供商还向普通网民广泛传播了网络安全知识，包括如何识别网络欺诈、安全使用社交网络以及保护个人信息等方面内容。这些举措不仅有助于普及安全上网的理念，同时还进一步增强了公众的网络风险意识。

（三）日本采取的互联网治理措施

日本是一个非常重视网络安全的国家。日本也是一个网民用户较多的国家。据统计，2023 年，全球网络攻击事件数量增长 25%，而日本的网络攻击事件数量增长了 44%，由此我们也可以看出，日本目前在网络安全方面有着不小的压力和挑战。1983 年，“日本互联网之父”村井纯从美国带回了调制解调器（通过解调再将模拟信号转换为数字信号的一种装置），实验性地把东京工业大学、庆应大学和东京大学的计算机串联起来，创办了日本最早的学术计算机网络，从此揭开了日本互联网的序幕。[①]

1. 制定法律法规

日本在网络空间的治理方面，不仅推出制定了相关法律法规，并通过立法来推动互联网的规范管理与健康发展。颁布并实施了《禁止非法入侵计算机法》《高度信息网络社会形成基本法》《保护国民信息安全战略》《网络安全基本法》《关于计算机程序著作物登记特例的法律》《个人信息保护法》《规范互联网服务商责任法》《青少年安全上网环境整备法》等。这些网络立法在保护消费者权益、规范市场秩序和增强信息安全的同时，也有效地在遏制网络暴力与违法信息的传播等方面发挥了重要作用。

2. 加强执法与司法手段

除网络立法外，日本还通过加强执法与司法手段来推动网络治理。警察厅下设网络犯罪对策课，专门负责打击网络犯罪；法务省也设有网络犯罪对策室，加强了网络犯罪的起诉与审判。这些机构发挥了重要作用，有效执行了相关网络立法，维护了网络空间秩序。

3. 设立网络安全战略总部

日本国会于 2014 年通过《网络安全基本法》，并设立网络安全战略总部，内阁官方信息中心升级为内阁网络安全中心，专门负责监测和预防网络犯罪行为的发生。首先，这个部门的设立，有助于统一各部门的行动，避免了信息孤岛和重复劳动，同时提高了网络安全工作的效率和效果。其次，加强了网络安全防范和应对能力、推动了网络安全技术和产业的发展，以及提高了公众对网络安全的认识和意识，这也是日本政府在网络空间治理中采取的一

① 澎湃新闻：《日本互联网简史——被遗忘的三十年》，https://m.thepaper.cn/baijiahao_19481692，访问日期：2023 年 8 月 1 日。

项重要举措，同时体现了其对网络安全的重视。

4. 鼓励企业参与

除立法外，日本政府还鼓励国内企业增加研发投入，共同推动网络安全相关技术的创新和发展。此外，政府还通过与私营部门的合作，专门建立了一个信息共享平台，方便各方及时了解网络安全威胁。

5. 公众教育和宣传

针对日本年轻人对网络安全的认识不足的问题，日本政府还一直在不断加强网络安全的宣传和教育，提高公众对网络安全的重视和保护意识。形成全社会共同参与网络安全治理的良好氛围。

总的来说，日本在加强网络安全防范上，从应对能力、推动网络安全技术和产业的发展以及提高公众对网络安全的认识等方面都推出了较为切实可行的举措。这也进一步提升了日本对网络攻击的防范和应对能力，同时也保护了本国和个人的网络安全。

二、网络空间治理的中国特色实践

近年来，世界各国政府都加强了对网络空间的治理，中国也牢牢抓住了网络空间的重要战略资源和社会发展支撑，在网络主权、网络安全法规、网络内容审核、技术研发和标准制定、法治宣传教育以及国际合作等方面走出了一条既符合国际通行做法又有中国特色的依法治网之路。

（一）强化网络主权

网络主权是国家主权在网络空间中的自然延伸和表现。我国在注重强化网络主权问题上，主要体现在以下几个方面。

1. 反对网络霸权和双重标准

国家互联网信息办公室表示："世界各国的国情不同，政治制度不同，文化背景也各不相同，各国都有权选择适合自己的互联网发展道路。"[①] 每个国家都有权根据自身国情来管理和使用网络空间，中国反对某些西方国家在网络空间施加其意志和政治价值观，或者采取双重标准。中国主张网络主权原则，所有国家在网络空间都享有平等主权。

2. 网络内政不容外国干涉

每个国家管理本国网络空间属于国内事务，不容外国势力干预。中国反对外国通过技术手段滥用网络攻击他国主权系统和关键基础设施，也反对外国资助本土的网络反政府组织。

3. 控制关键信息基础设施

中国通过法规要求网络关键信息基础设施由中资控股，确保网络主权不受外资威胁。如电信运营商必须由中资控股，云计算和数据中心也确立中资控制要求。

4. 发展自主技术作为网络主权保障

作为全球互联网的一部分，中国也不可避免地面临着各种网络安全挑战。但中国政府高度重视网络安全，加强对网络威胁的监测和处置，建立了专业的网络安全团队，进而提升了网络攻防能力。同时，我国还积极推进技术创新，研发网络安全产品，不断升级国家网络安全保护水平。通过网络技术的自主、可控、可保障，有效地保护了中国网络主权不受侵害。

5. 增强国家网络空间监测和防御能力

在全球互联网面临日益严峻的网络安全形势下，中国开始不断加强网络

---

① 寇程：《国家网信办：各国都有权选择适合自己的互联网发展道路 不应把自己的模式强加于人》，https://baijiahao.baidu.com/s?id=1748819120608708687&wfr=spider&for=pc，访问日期：2023 年 8 月 1 日。

安全防御，并加大对网络空间的监测，建立国家网络安全事件应急响应机制，加强网络入侵监测预警和网络攻击防御，建立网络安全审查制度，密切关注影响网络主权与信息安全的新技术变化。这些举措有效提高了我国互联网的安全水平，从而实现为国家网络安全保驾护航。

（二）制定网络安全法规

随着数字化、信息化的迅猛发展，网络黑客、病毒、恶意软件等威胁越来越多，网络安全问题也日益凸显，给国家、社会和个人都带来了巨大的安全风险。为了进一步加强对网络安全的保护，落实依法治国的方针，我国近年来积极开展了许多关于互联网领域的立法工作，用来保障国家信息安全和个人隐私安全。在网络安全法规方面也采取了推进网络立法和加强关键信息基础设施保护。

1. 推进网络立法

2016 年颁布的《中华人民共和国网络安全法》是第一部专门针对网络安全的法律，明确了网络安全的基本原则，界定了网络安全的责任主体，加大了对网络犯罪的处罚力度。该法律的出台标志着中国网络安全治理进入了法治化轨道。此外还有 2019 年实施的《中华人民共和国电子商务法》、2021 年实施的《中华人民共和国数据安全法》《中华人民共和国个人信息保护法》、2022 年实施的《中华人民共和国反电信网络诈骗法》。除此之外，近年来还陆续修改了《中华人民共和国消费者权益保护法》《中华人民共和国食品安全法》等法律，完善了相关制度规范。同时，通过编纂《中华人民共和国民法典》、制定《中华人民共和国刑法修正案》，对网络犯罪行为采取严厉处罚。如煽动颠覆国家政权、进行网络诈骗、损害网络安全等网络犯罪行为将面临重罚。中国网络安全机构也加大了对网络犯罪的监测与打击力度。

2. 加强关键信息基础设施保护

2021 年 9 月 1 日起实施的《关键信息基础设施安全保护条例》，规定电信运营商、互联网企业等网络运营者必须认真履行网络安全责任；2023 年 5 月 1 日实施的《信息安全技术关键信息基础设施安全保护要求》，要求电信运营商、互联网企业加强关键信息基础设施的安全防护，如加强网络监测预警、抵御网络攻击、上报网络安全事件、指定专门网络安全管理人员、进行网络安全教育与培训、上报网络安全漏洞或事件等。这些政策和措施加强了关键信息基础设施的安全防护体系。

（三）实施网络内容审核

实施网络内容审核是指国家根据有关规定及公司、企业相关制度要求，对网站所发布的内容进行检查和处理，主要内容包含文字、图像、音频、视频、程序、游戏等。网络内容的审核不仅可以严防网络信息犯罪，维护国家及社会安全稳定，同时能够确保网络信息质量，为互联网空间发展提供保障。关于我国实施网络内容审核的主要做法如下。

1. 设立网络内容审核机构

目前拥有互联网内容监管职能的政府部门主要有：国家网信部门、国务院电信主管部门、公安部门等，还有其他有关单位，如国家互联网信息办公室、工业和信息化部、国家广播电视总局、国家保密局、国家密码管理局等。这些机构可制定出网络信息审核的政策与标准，并监督各大网站和互联网企业进行内容审核及落实具体工作。

2. 制定严格的网络内容审核标准

制定用于评判网络内容的标准，如《网络信息内容生态治理规定》《网络综艺节目内容审核标准细则》《网络短视频平台管理规范》《网络短视频内容审核标准细则》等，明确禁止发布危害国家安全、损害国家荣誉等内容，严格控制互联网信息安全，及时处理违禁信息，为国家治安部门提供线索。这些都是管控网络信息秩序的有力举措。

3. 建立网站和互联网企业内部审核制度

所有网站、移动客户端、互联网企业等都应建立严格的内部审核流程，使网络内容审核成为常态化制度。在信息发布前对内容进行检查，删除违规内容或阻止其发布。通过对整体网络信息的控制，确保网站呈现高质量内容，不断增加互联网用户数量，提高网站用户的满意度，从而使整个网络空间价值得到提升。

4. 增强网络舆情监测与分析

为了便于政府更好地加强对网络舆论环境的管控，政府部门可利用人工智能等技术手段加强对网络舆情的监测分析，并时刻关注网络热门话题的讨论动向。一旦出现网络谣言或不实信息，便可迅速采取删除、封号等措施进行控制，并同时加以引导。

（四）推进技术研发和标准制定

技术研发和标准制定能够赋能网络治理，提高网络安全能力，加大内容审查力度，引导新技术朝着监管友好的方向发展，并可应对技术发展带来的新挑战。推进技术研发和标准制定，对于加强网络空间治理至关重要。

1. 加大网络技术研发投入

近年来，我国不断加大对网络核心技术的研发投入，在 5G、人工智能、量子计算等领域取得了重大进展。同时我国还研发了自主可控的操作系统、处理器、数据库等产品。如中国研发的鸿蒙 OS、长江存储系统等，这些技术的发展增强了我国在互联网领域的技术实力。同时也减少了我国对外国技术的过度依赖，大大提高了中国技术的自主和可控能力。

2. 参与并主导技术标准制定

当下我国一直在不断加大参与网络技术国际标准制定的力度，在第五代移动通信技术（5G）标准、人工智能等领域起主导作用。我国还在6G通信技术研发方面取得了重要突破，2023年4月，中国航天科工二院25所在北京完成国内首次太赫兹轨道角动量的实时无线传输通信实验，利用高精度螺旋相位板天线在110GHz频段实现了4种不同波束模态，通过4模态合成在10GHz的传输带宽上完成100Gbps无线实时传输，最大限度提升了带宽利用率，为我国6G通信技术发展提供重要保障和支撑。[①] 这些都使我国在全球技术标准制定中拥有更大话语权，也有利于中国技术产业发展。

3. 推动知识产权的自主创新

我国一直在鼓励自主知识产权的创新与保护，近年来，在专利、集成电路版图设计等领域自主创新能力显著增强。中国企业的专利申请数量居全球前列，据中商产业研究院发布的《中国云计算行业市场前景及投资机会研究报告》显示，我国云计算专利申请数量目前也整体呈增长趋势。我国云计算专利申请数量由2018年的3179项增至2021年的5795项，年均复合增长率为22.2%。2022年我国云计算相关专利申请数量为5035项。[②]

4. 加强网络核心技术人才培养

在进一步加强网络核心技术人才培养方面，我国通过高等学历教育、中等职业教育、业余教育和各种认证培训等方式，建立完善的网络人才培养体系。同时，将信息安全学科提升为一级学科，进一步加强网络安全、云计算、

① 和讯网:《中国6G通信技术完成100Gbps无线实时传输》，https://baijiahao.baidu.com/s?id=1763703042934999535&wfr=spider&for=pc，访问日期：2023年8月1日。

② 东方财富网:《2023年中国云计算市场现状及专利申请情况预测分析》，https://caifuhao.eastmoney.com/news/20230511170235635425690，访问日期：2023年8月1日。

大数据、人工智能等核心技术的教育和培训。

同时，针对大中型企业对网络技术人才的需求，建立完善的网络技术专项培训体系，提供针对性的培训课程和实践机会，提高企业员工的网络技术应用能力和水平。以企业需求为导向，借助重点实验室、国家级科研项目等科研平台，开展各类科研项目。将教学任务融入科研工作中，以科研项目的形式来建设信息安全教育专业实验室，培养具有综合业务素质、创新与实践能力、法律意识、奉献精神、社会适应能力的人才。进一步加强青少年网络技术普及教育，培养国民的网络意识，提高青少年对网络技术的兴趣和热爱，为未来的网络核心技术人才培养打下坚实基础。

5. 注重新技术新应用

在新技术和新应用方面，我国推动建立了全方位、多层次、立体化的监管体系，实现了事前、事中、事后全链条、全领域监管，形成了“横向协同、上下联动、纵横结合”的立体型综合监管体系。还根据新技术和新应用动态变化、跨界融合等特征，实行分类分级监管。这种运用新一代信息技术改进创新现有监管工具，也进一步推动监管手段向数字化、智能化转变，是网络技术人才使用监管机制的创新。

（五）加强法治宣传教育

中华人民共和国司法部、全国普法办把网络法治宣传教育作为依法治网的长期基础性工作，组织、指导、推动各地各部门充分运用互联网开展法治宣传教育，增强全社会网络法治意识，并提升素养。

1. 制定相关法律法规和强化制度设计

近年来，我国逐步实施了《中华人民共和国网络安全法》《中华人民共和国数据安全法》《中华人民共和国个人信息保护法》等相关法律法规，使网络空间治理能够有法可依。同时，也传播了我国的法治理念。在制度设计方面，全国“七五”普法规划强调推进“互联网＋法治宣传”行动，“八五”普法规划强调以互联网思维和全媒体视角深耕智慧普法。这进一步强化了依法治网的意识，并在实践层面完善了具体做法。

2. 广泛开展网络法制宣传教育

通过传统媒体和新媒体，加大对网络法律法规的宣传力度，增强全社会的法治意识和安全意识；将网络法律法规的相关内容纳入初、高中教育课程，开设网络安全和道德与法治类课程，对未成年人进行系统教育；要求网络服务提供商、运营商的技术人员定期学习相关法律法规，确保在工作中具备必要的法律意识，对一些存在法律法规不允许出现的违规内容的网站开展专项治理，并杜绝其再犯。这些措施有效地起到了行为导向作用。

（六）加强国际合作

国际合作在网络空间治理中至关重要，我国高度重视网络空间国际合作。因为网络空间本质上是开放的，没有国界限制，任何国家在面对网络威胁时都不能独善其身。只有通过广泛的国际合作交流，共同制定治理规则、分享治理经验、协调执法行动，才能形成网络空间的联防联控体系，才能更有效地应对全球性网络安全挑战，维护网络空间稳定与秩序。

国务院新闻办公室于2022年11月7日发布的《携手构建网络空间命运共同体》白皮书中指出：“网络空间是人类共同的活动空间，网络空间前途命运应由世界各国共同掌握。构建责任共同体，就是坚持多边参与、多方参与，积极推进全球互联网治理体系改革和建设。”[①]

---

① 国务院新闻办公室:《〈携手构建网络空间命运共同体〉白皮书》，https://m.thepaper.cn/baijiahao_20625235，访问日期：2023年8月1日。

中国积极参与全球互联网治理，坚定维护以联合国为核心的国际体系、以国际法为基础的国际秩序、以《联合国宪章》宗旨和原则为基础的国际关系基本准则，并在此基础上，制定出各方普遍能接受的网络空间国际规则。如积极参与联合国网络空间治理进程，不断拓展与联合国专门机构的网络事务合作，积极参与全球互联网组织事务等。

中国广泛开展国际交流与合作，秉持相互尊重、平等相待的原则，加强同世界各国在网络空间的交流合作。例如，与国际电信联盟等的合作。2022年10月3日，国际电信联盟2022年全权代表大会选举理事国和无线电规则委员会委员，中国成功连任理事国，中国国家无线电监测中心主任程建军成功当选无线电规则委员会委员，与联合国等在网络空间治理领域开展合作，推动建立网络空间全球治理体系；与美国、俄罗斯等国加强在网络安全、打击网络犯罪等方面的合作与交流；推动建立大国网络空间伙伴关系；开展中欧网信合作，举办中欧数字领域高层对话，围绕加强数字领域合作，就通信技术标准、人工智能等进行务实和建设性讨论；与周边和广大发展中国家网信合作，连续成功举办中国—东盟信息港论坛，持续推动中国与东盟国家数字领域合作，建立中国—东盟网络事务对话机制，并建立中日韩三方网络磋商机制，还与韩国联合主办中韩互联网圆桌会议；举办中非互联网发展与合作论坛。举办中古（古巴）互联网圆桌论坛、中巴（巴西）互联网治理研讨会等。

2014年以来，中国连续在浙江乌镇举办世界互联网大会，搭建中国与世界互联互通的国际平台和国际互联网共享共治的中国平台。大会不断创新办会模式，丰富活动形式，分论坛、“携手构建网络空间命运共同体精品案例”发布展示、世界互联网领先科技成果发布、“互联网之光”博览会和“直通乌镇”全球互联网大赛等受到广泛关注。近年来，国际各方建议将世界互联网大会打造成为国际组织，更好助力全球互联网发展治理。2022 年 7 月，在多家单位共同发起下，世界互联网大会国际组织在北京成立，其宗旨是搭建全球互联网共商、共建、共享平台，推动国际社会顺应数字化、网络化、智能化趋势，共迎安全挑战，共谋发展福祉。

三、新时代网络空间治理的重要性和紧迫性

随着我国对互联网空间治理改革的不断深化，我国在依法治网之路上虽然取得了一定成就，但随着网络空间已深度融入社会的各个方面，其安全与秩序对国家发展具有重要影响，网络空间治理的重要性及紧迫性也开始日益凸显。所以我们应充分认识到这一点，在未来的工作中做好应对准备及相应措施。

网络空间治理必须立足于新时代，紧扣新时代主题，发扬新时代精神，积极应对新时代网络空间所带来的挑战，服务新时代目标，不断完善提高，才能够更好地保障国家利益和公共利益。这也是我国网络空间治理重要方向和目标。具体来说，新时代网络空间治理的重要性，主要具体分为以下几个方面。

（一）服务于建设网络强国的需要

新时代网络建设强调建设网络强国，要求构建富强、民主、文明、和谐的社会主义国家，而网络空间治理是实现这一目标的重要保障。它可以营造安全稳定的网络环境，维护国家安全和公共秩序，为国家发展创造有利条件。

一个安全稳定的网络环境，对实现网络强国至关重要。网络空间存在各种安全威胁，会严重威胁国家关键信息基础设施的安全。而网络空间的治理

可以通过完善法律法规、加强监管、运用技术手段等方式进而降低网络安全风险，这也为构建网络强国提供了坚强后盾。

网络空间治理不仅可以有效地维护国家的政治安全和社会稳定，也进一步避免了网络谣言、虚假信息传播给社会造成的负面影响，同时减少了网络暴力言论、网络聚众等危害社会秩序的行为。这也为依法打击各种网络违法违规行为、维护网上舆论生态稳定创造了良好环境，为建设网络强国奠定了社会基础。

核心技术作为国家的重要数据，对构建网络强国至关重要，而通过网络空间治理可以有效地对这些数据进行保护。一些境外势力窃取国家关键技术信息的行为时有发生，严重威胁我国经济安全和国防安全。通过相关法规及技术监控，我们可以有效地保护国家核心技术和重要数据，避免关键信息泄露，为网络强国保存战略资源。

（二）保障人民利益

新时代坚持人民主体地位，保障人民当家做主，这就要求网络空间治理更加尊重和维护人民在网络空间的合法权益，如言论自由、隐私保护等。通过网络空间治理制止网络违法行为，引导健康有序的网络文化，才可以更好地实现这一要求。

网络空间治理不仅可以更好地维护我国公民网络合法权益、制止网络违法行为，还可以保护用户个人信息和通信内容的安全，让广大网民在网络空间自由且放心地表达和交流。

目前网络空间还存在着一些虚假、低俗和有害信息，这对广大人民群众，特别是对青少年成长都非常不利。为了进一步保障人民的利益，营造一个健康向上的网络环境，引导正能量的文化传播，更好地保护消费者的合法权益和维护交易秩序，让更多人能够安心地进行网络支付和消费、享受网络给大家带来的便利，就成为当下要研究的一项重要议题。

随着电商和网络支付技术的应用和发展，网络空间中出现了例如网络诈骗、侵权违约等违法行为，很多犯罪活动呈现出欺骗性强、违法成本低、隐蔽性强、方式多元化等特点，这不仅直接损害了广大网民用户的权益，同时也危害着网络空间的公共安全，给国家网络空间的治理也增加了难度。

新时代网络空间的治理与网络文明体系建设是不可分割的，研究网络空间治理不仅有助于推进电子政务和扩宽公众获得政府信息的渠道，同时政府信息公开和电子政务都需要一个开放而有序的网络环境。网络空间治理可以规范政府网站和新媒体账号，打击网络谣言和虚假信息，保障人民知情权和获得真实可靠信息的权利。这也有利于进一步增强政府公信力和推进电子政务。

（三）新技术应用

新时代的网络空间治理强调新技术的发展和应用，如大数据、云计算、人工智能等，新技术的应用能够给互联网带来更多发展空间，也能让其他与互联网相连的产业向着更加智能化和高效化的方向转型，助力社会在新技术的帮助下更快发展。同时，这也要求我国网络空间治理必须准备应对新技术可能带来的新挑战。

大数据技术可以深入挖掘海量数据，发现网络安全威胁和违法违规行为。利用大数据分析网络流量、用户行为、网络舆情等，可以实现网络安全风险预警，及时发现网络攻击源和网络谣言等，为网络空间治理提供重要技术支撑。

人工智能可以实现网络内容自动分析和审核、网络安全威胁监测以及用户行为分析等。运用人工智能，不仅可以提高网络空间治理的效率和准确性，实现网络安全监测和内容审核的精细化和智能化，也有助于网络空间治理跟上网络高速发展的步伐。

云计算的海量存储、高性能计算功能可以支撑网络空间大数据分析和人工智能等应用。同时，云计算还可以实现跨部门和区域的协作，有助于整合网络空间治理资源，提高工作效率。因此，云计算是网络空间治理运用新技术的重要基础。

区块链的去中心化、不可篡改等特点，在体现用户主权、保护隐私等方面有一定作用。但区块链也可能给网络安全带来一定的风险，同时增加监管难度。因此，网络空间治理也需密切关注区块链等新技术的发展，提前研究其在治理中的应用以及监管措施。

（四）对接全球网络治理

随着互联网的快速发展和广泛应用，网络空间治理日益成为全球治理的重要领域。而中国作为一个互联网大国，始终致力于推动互联网的发展和治理，也积极维护着全球网络空间的繁荣与安全。国务院新闻办公室发布的《携手构建网络空间命运共同体》白皮书指出，我国网络空间治理必须密切关注全球网络空间治理趋势，在参与全球治理的同时坚守主权和安全底线。

目前，全球的网络空间尚未形成一个相对完善的治理规则，各国和各地区都基于自身利益分别提出了不同的治理理念。我国网络空间治理需要深入研究来自全球的网络空间治理倡议和规则，在影响全球规则制定的同时，更要维护我国网络主权和国家利益。因此，我国网络空间治理需要密切关注全球网络空间治理规则的制定。

在全球网络空间治理讨论中，西方国家由于技术的优势而长期主导话语权。而我国网络空间治理就需要通过提出相应主张，更多参与国际磋商以及在国际组织中发挥积极作用等方式，增强在全球网络空间治理中的发言权和影响力。

不同国家和地区在网络空间治理上的差异，可能会给我国网络环境和用户带来一定影响。我国网络空间治理需要密切关注其他国家在网络数据政策、网络安全法规等方面的动态，在学习、借鉴的同时做好应对准备，维护国内网络环境安全。

网络空间治理的国际合作不仅可以促进规则融合、分享治理经验，打击跨境网络犯罪等，还可以提高与全球和地区性网络空间治理的合作机制，并推动“一带一路”国家在网络空间治理领域的交流与合作。

目前，新时代网络空间的治理对我国来说不仅重要，而且十分紧迫。具体来说，新时代网络空间治理的紧迫性，主要体现在网络安全风险、外部环境变化、用户期望增加、新技术兴起、网络新业态等几个方面。这些问题的出现使得我国在面对未来新时代网络空间治理时有着不小的压力和挑战。想要更好地快速适应这些新要求和新挑战，就亟须监管能力和政策措施的进一步完善和提高。

（五）新技术的发展带来新的网络安全威胁

历史表明，网络安全威胁会随着新技术的进步和诞生而不断增加。例如，Web 脚本编程语言助长了跨站点脚本攻击，物联网设备开辟了创建僵尸网络的新方法，社交媒体创造了通过微目标内容分发来针对目标客户的新方法，并且更容易收到网络钓鱼攻击的信息等。当下这些类似的威胁网络安全的方法还在不断产生，每项新技术都会带来新的、以前难以想象的安全威胁。[①]

① 阿里云云栖号:《揭秘人工智能（系列）：人工智能带来的网络安全威胁》，https://zhuanlan.zhihu.com/p/54617238，访问日期：2023 年 8 月 1 日。

例如，人工智能、大数据和云计算等新技术在提高网络空间活力的同时，已为网络攻击提供了新手段和新目标。有部分不法分子利用人工智能生成高仿真度的网络假信息，并通过大数据分析发现系统漏洞进行攻击等手段进行违法犯罪活动，这些新的技术给网络空间治理也增加了难度。同时，大数据、云计算、区块链等新技术的产生，使数据成为重要的生产要素和经济资源，但数据安全隐患也随之加剧。如云计算中的数据存储导致数据跨境流通，区块链的去中心化特点使数据难以被删除和修改等，这些新技术的特点反而都成了数据安全的隐患。

目前，网络攻击类型和技术变得日益复杂。网络攻击从早期单纯的木马病毒发展到今日的零日漏洞利用、高级持续性渗透等，手法也变得越来越隐蔽、越来越高级。这就迫切需要网络空间治理者及时掌握前沿的网络安全技术，只有这样才能有效识别和应对这些复杂的网络攻击。

关键信息基础设施现在也面临着巨大的风险。关键信息基础设施承载着国家安全和公共利益，一旦遭到破坏将带来重大损失。但因其系统复杂、技术敏感且相互依存，使得它们也成了网络攻击的重点目标。为了更好地抵御此类安全风险，这就要在网络空间治理时重点加强关键信息基础设施的网络安全与防护。需要网络空间治理与技术创新同步发展。只有这样才能更好地解决新兴业态的数据安全问题。

（六）网络空间国际规则的制定受到地缘政治的影响

网络空间的国际治理及国际规则，因受到地缘政治的影响显得较为复杂。主要是因为其主体的多元化、领域广泛、议题复杂、机制林立，再加上传统地缘政治因素的不断导入，围绕网络空间国际治理的博弈较多，使得整体治理机制的发展变得错综复杂。所以截至目前，全球网络空间的治理规则还尚未形成。各国在网络数据安全、网络内容管控等问题上的立场差异较大，一致的全球规则尚需长期磋商。这使得我国网络空间治理在遵循国际规则的同时，也面临着较大不确定性。

同时，随着大国间网络空间竞争加剧，美国等西方国家试图通过技术和规则的制定加强对全球网络空间的控制，导致各国在数据安全等领域的矛盾也日益尖锐。这就要求我国在进行自身网络空间治理的同时，还要密切关注其他大国网络空间政策的动向，以应对大国网络空间竞争中可能给我国带来的冲击。

在大国博弈日趋激烈的背景下，全球网络空间安全困境加剧，安全思维主导下的各国难以在网络空间合作问题上取得实质性突破，特别是“泛安全化”进一步加剧了国家间的对抗，安全困境也使得各国开始闭门造车，没有更多精力投入国际合作中，从而降低了参与国际合作的意愿和动力。这种消极对待网络空间机制建设的做法，也迟滞了网络空间治理的发展进程。[①] 在这种环境下，就需要我国彰显大国风范，在网络空间治理和强化合作的同时兼顾自身安全底线和国家利益，努力化解周边政治障碍，持续推动网络空间治理的国际合作。

另外，通过网络空间的快速传播，国外的社会文化及价值观也对我国社会产生了一定影响。这就要求我国密切关注全球化进程中的文化交流与融合，引导积极健康的网络传播文化，努力达成中外文化的相互借鉴与共生。

（七）用户对网络依赖度增加，对网络秩序和安全提出更高期待

随着电商、网络支付、互联网金融等应用的普及，我国网络用户对网络空间的依赖度开始大幅提高。这就需要当下的网络空间更加安全稳定，同时

---

① 安全内参:《当前网络空间国际治理现状、主要分歧及影响因素》，https://www.secrss.com/articles/55347，访问日期：2023 年 8 月 1 日。

用户数据和交易要更加严密保护，只有这样才能不断满足用户日益增加的网络需求。

近年来，我国网络用户对网络空间体验的要求不断提高。用户除了希望得到更流畅的网络连接，还希望得到丰富的内容信息与便捷的网络服务。网络空间治理不仅仅限于防范网络安全威胁，还要不断推进网络技术的创新与投入，以此来提高网络基础设施水平，以满足网络用户逐年增长的网络体验需求。例如，网络用户希望网络环境更加清朗、充满正能量，没有虚假和有害信息；也希望个人信息和交易资产得到更加严密地保护。所以不断加强网络内容管理和用户权益保护，打击各类网络违法行为，让网络用户获知更多的安全感，才是目前网络空间治理应该做的。

随着移动互联网和新技术应用，青少年花费在网络空间的时间也越来越长，因为青少年在健康成长的阶段对网络需求更加迫切，求知欲和探索欲也相对较强。这就要求在网络空间治理中，我们需要提供更加丰富和健康的内容，用于加强对未成年人的网络保护，从而引导青少年形成良好的网络习惯和价值观，以满足其健康学习和成长的需要。

（八）新技术赋予网络空间的新特征和给传统监管带来的新挑战

新技术的应用赋予了网络空间新的特征，这也给传统监管手段带来新的挑战。如区块链的去中心化，使其难以被及时监测和管理。虚拟现实的出现也很难辨别真假，要想尽快加强对其内容和社交的监管，就需加快对网络空间新技术的理解，探索适应新技术的治理机制与手段，确保新技术以及其应用能够快速步入正轨，规范健康地发展。

因网络空间中存在信息庞杂，打击违法犯罪的难度较大等特点，就目前而言，对网络黑产和电信网络诈骗等行为的治理力度还略显不足。虚拟世界中网络违法犯罪行为手法隐蔽、危害严重，也一直是网络空间治理的重点和难点。所以想要更好、更精准地打击网络犯罪，就需要广大网民共同的努力，只有这样才能不断提高网络安全，严厉惩治各类网络犯罪行为。

随着智能移动终端的普及，我国网民的数量开始急剧增加，个人信息泄漏的情况频发，进一步强化个人信息保护意识，严格落实个人信息保护制度，加强对网站和 App 的监管，加大惩罚盗取用户个人信息的力度，防止应用平台盗取、贩卖用户个人信息等方面，我们还需要进一步加大管理和监测力度。

近年来，自媒体的发展如火如荼，个人通过手机即可发布文字、音频或视频类的消息，这对信息传播来说是一件有着重要意义的事情。但自媒体的发展也给网络空间带来了一些负面影响，因为自媒体账号除了自身的推广宣传外，还可能引导网民观点，对社会舆论的走向产生重大影响。如何规范新媒体与自媒体的行为，也成为我国网络空间治理的一大重要议题。中央网信办下发通知要求加强“自媒体”管理，明确网站平台应当及时发现并严格处置“自媒体”违规行为，对制作发布谣言、蹭炒社会热点事件或矩阵式发布传播违法和不良信息造成恶劣影响的“自媒体”，一律予以关闭，纳入平台黑名单账号数据库并上报网信部门。[①] 加强“自媒体”管理，不仅需要相关部门积极担当作为，要从源头上遏制“自媒体”违规行为，还要不断加强宣传引导。做好群众思想工作是推动网络环境整体文明程度提升的关键所在。

（九）新兴网络空间业态给传统行业管理和监管带来新难题

新兴网络空间的业态指的是，包括社交媒体、电商平台、共享经济、网络金融等，它们的快速发展给传统行业带来深刻变化的同时，也对行业管理

① 光明网：《加强常态化监管 规范“自媒体”生长》，https://baijiahao.baidu.com/s?id=1771628670964454619&wfr=spider&for=pc，访问日期：2023 年 8 月 1 日。

和监管提出了新的要求。传统行业的监管模式往往是基于实体经济和物理空间的，而新兴网络空间业态则更多地依赖于虚拟经济和数字空间。这种变化使得传统行业的监管模式在应对新兴业态的挑战时显得力不从心。为了应对这些挑战和难题，首先，传统行业需要加强对新兴网络空间业态的研究和分析，了解新兴业态的特点和发展趋势，以便更好地应对其风险和挑战。其次，传统行业需要加强与新兴业态的沟通与合作，建立起有效的监管机制，确保新兴业态的合规运营和风险可控。除了上述方式外，传统行业还需要加强自身的创新和转型，以适应新兴网络空间业态的发展，提高自身的竞争力和可持续发展能力。

总之，因为新兴业态往往具有创新性和快速变化等特点，使得传统行业的监管模式很难赶上新兴业态的发展步伐，也进一步增加了监管的不确定性和风险性。

在我国互联网领域新兴业态发展迅猛的今天，很多监管机制暂时没有跟上业态发展的步伐，对新型业态的监管机制和规则也有待健全。积极完善并密切关注新兴业态发展动向，制定切实可行的管理政策和监管规则也成为当下的首要任务。

新发展带来新问题，新业态带来新挑战。这不仅是社会发展的趋势，同时也是互联网经济、互联网空间发展的必然规律。在全球互联网快速发展的潮流下，不仅要加快推动国内新兴业态发展，同时也要努力化解监管障碍，加强国际交流合作。

第三节　准确把握新时代网络空间治理核心要义

国内外的网络空间治理经验表明，网络空间的有效治理需要回答三个问题：为什么治理？重点治理什么？怎么治理？这三个问题，实质上就是网络空间治理的价值目标、核心议题及治理逻辑的问题，三者构成了网络空间治理的核心要义。

在新时代，网络空间治理的价值目标是构建网络空间命运共同体，要求网络空间治理超越国家边界，实现互利合作和共同发展；网络空间治理的核心议题是数字化治理，要求运用新技术手段实现网络空间治理现代化。网络空间治理的治理逻辑是互信共治，要求在网络空间治理中坚持广泛协商、开展多方合作、实现共同参与和共同期盼。这三个核心要义，为新时代提高我国网络空间治理水平，提供了理论基石和行动指南。

一、新时代网络空间治理的价值目标：构建网络空间命运共同体

2015 年，习近平总书记在第二届世界互联网大会上首次提出了“构建网络空间命运共同体”的重要理念，为构建网络空间命运共同体凝聚广泛共识，体现了人类社会进入信息时代国家治理与国际合作逐步走向合作共赢的“新思维”。

网络空间具有开放性、全球性和相互依存性，让各国的利益紧密相连。只有将构建网络空间命运共同体作为新时代网络空间治理的价值目标，才能最大限度地释放网络空间红利，推动经济社会发展。

（一）构建网络空间命运共同体的内涵

中国提出构建网络空间命运共同体的愿景之后，继而提出把网络空间建设成为造福全人类的发展共同体、安全共同体、责任共同体、利益共同体的具体任务。这不仅体现出负责任大国的姿态和底气，也为全球网络空间治理提供了新框架和新方案。

1. 坚持人类命运共同体理念

网络空间无国界，网络空间中的风险和机遇同时影响着全人类。各国要在网络空间治理中秉持人类整体利益和长远利益，加强国际合作，共同应对网络空间治理面临的各种挑战，促进不同国家和地区在网络空间的权利义务均衡，最大限度地增强各国在网络空间的获得感。

2. 坚持多边主义，反对单边主义

网络空间治理规则应由各方共同商定，而非由某一国家或集团强行决定。这要求网络空间治理反对任何形式的单边行动或霸权主义。各国应在网络空间治理领域加强广泛协商，并以协商一致的原则制定共同遵守的规则，实现人类网络空间安全和可持续发展。

3. 实现网络空间开放、安全、公平

构建网络空间命运共同体要求在严密保障各国网络安全的基础上，促进信息在全球范围内的自由沟通与交流。需要消除信息壁垒，防止信息单向流动或信息管控过度，实现每个国家和个人在网络空间的权利与机会公平。这就要求通过广泛的国际合作不断完善全球网络空间治理规则，最大限度地增强各国和各方在网络空间的安全感和获得感。

（二）构建网络空间命运共同体的注意事项

要实现人类网络空间整体的可持续发展。这要求在网络空间治理中把握人类整体利益和长远利益，防止倾斜于某一国家或集团的利益。人类命运共同体理念要求超越国家和种族的界限，实现人类网络空间整体的可持续发展。

要反对网络空间单边主义和霸权主义。网络空间治理应遵循共商共治原则，任何国家不应单方面决定网络空间治理规则或控制网络关键资源。需要在这一领域加强国际合作，完善权威的多边机制来规范国家行为。

要制定更加公平的全球网络空间治理规则。开放要求降低信息壁垒，实现信息自由流动；公正要求各国和各方在网络空间享有平等的机会与权利；共享要求通过技术进步让更多人享有网络空间红利。这要求制定更加公正的全球网络空间治理规则。

要促进各国网络权利义务趋于均衡。在国际上推动各方权利义务的公平与公正，实现各国在网络产业、网络技术、网络规则制定等方面的公平参与，防止某些国家在这些关键领域获得过度话语权。这有助于构建网络空间命运共同体。

二、新时代网络空间治理的核心议题：数字化治理

将数字化治理作为新时代网络空间治理的核心议题，要求通过数字技术手段来实现网络空间治理的精细化、数据化和智能化。例如，利用大数据和人工智能提高网络犯罪侦测率，利用区块链和数字身份实现网络信任机制，利用虚拟现实技术、数字孪生技术等来模拟重要信息系统以检测网络漏洞等。数字化治理是网络空间治理能力现代化的必然选择。

（一）数字化治理核心议题的内涵

1. 利用大数据和人工智能提高网络空间治理精度

大数据和人工智能技术可以深度分析海量数据，发现网络空间深层次问题，实现精细化治理。比如，可以通过大数据分析发现网络传播中的有害信息，利用人工智能来提高网络内容审核的精度和速度等。这需要网络空间治理部门积极运用新技术，不断提高数据治理和分析能力。

2. 利用区块链和数字身份提高网络信任

区块链技术可以实现数据的分布式存储与管理，防止数据被篡改，可以用于身份认证、交易监管等，提高网络环境的透明度与信任度。数字身份可以替代传统账号密码，实现更加便捷安全的网络认证。这对网络空间治理也具有重要意义。

3. 利用虚拟现实技术检测关键系统漏洞

虚拟现实技术可以生成网络空间的数字模型，如数字孪生等。如果将关键信息基础设施的数字孪生接入虚拟网络空间，可以模拟真实网络环境检测其漏洞，这对关键信息基础设施网络空间防护具有重要作用。这要求网络空间治理部门积极研究虚拟现实技术在网络空间治理中的应用。

4. 利用新技术实现智能化治理

利用新技术实现智能化治理是一个复杂且需要多方面合作的过程，首先我们需要制定明确的战略规划和治理目标，这个规划应该包括技术选择、数据收集、数据分析、政策制定和具体实施等几个方面。

选择合适的新技术是实现智能化治理的关键，而数据是实现智能化治理的基础，基于数据分析的结果，制定智能化的政策和措施，是解决社会问题、提高治理效率的关键。智能化治理是一个持续的过程，在这个过程中我们需要不断地优化和加以改进，需要定期评估治理效果，如发现问题和不足时，应该及时调整和改进，从而提高治理效率和质量。只有这样，才能更好地使网络空间治理实现自动监测、自动检测、自动识别、自动防御等功能，实现智能化网络空间的治理。

（二）准确把握网络空间治理的核心议题——数字化治理

1. 加强数字技术学习与运用

随着互联网领域新技术日新月异的发展，加强数字技术学习与运用是适应现代化社会发展需求的关键。尤其是在网络空间治理中加强数字技术学习与运用具有重要的作用和意义。我们通过数字技术学习不仅可以提高治理效率、增强治理准确性、提升治理智能化水平，还能通过共享和交换实现多方协同治理、数字技术的不断发展和创新。这也为网络空间治理提供了新的思路和方法，为治理策略的制定提供了新的视角和依据。同时，数字技术还能够推动治理模式的创新，提高治理的灵活性和适应性。

2. 利用数字技术实现精细化治理

数字技术不仅可以帮助治理者更准确地识别网络空间中存在的问题。同时，数字技术还可以帮助分析问题的根源和影响，为治理决策提供科学依据。其具有创新活跃、要素密集、辐射广泛等特征，不仅是当今世界科技革命和产业变革的先机，还是新一轮国际竞争、数字政府建设的重要领域。所以，我们必须牢牢抓住数字技术发展应用的新机遇，推动数字技术和基层治理的深度融合，提升基层治理智能化、精细化水平，从战略层面精准把握数字政府建设的方向定位、主攻领域以及突破重点，构筑具有中国特色、中国风格的基层治理数字化体系，使数字化技术成为推动我国基层治理智能化、精细化的加速器。[①]

3. 利用区块链和数字身份来提高网络信任

目前区块链和数字身份在提高网络信任方面有着广泛的应用，因其不是由实体控制，而是分布在网络中的许多节点上，从而降低了数据被篡改或删除的风险，从而提高了网络信任。而数字身份是一种基于加密技术的身份验证方法，这种方法可以确保用户身份的真实性和唯一性。通过数字身份认证，用户可以证明自己的身份，从而在网络上进行安全可靠的交易和互动。不同的区块链网络之间可能存在互操作性问题，这限制了区块链技术在提高网络信任方面的应用。通过跨链接互操作，不同的区块链网络可以相互连接和通信，从而扩大区块链在提高网络信任方面的应用范围。所以，利用区块链和数字身份可以显著提高网络信任。而未来，随着技术的不断完善和发展，区块链和数字身份在提高网络信任方面的应用也会更加深入和广泛。

4. 构建智能化治理体系

在网络空间治理中如何构建智能化治理体系，我们需要从包括技术、政策、法律、人才培养等方面来综合考虑和实施。我们需要依托智能化治理体系中先进的技术手段来实现，然后由政府制定出智能化治理的相关政策，并明确治理目标、原则及措施等，建立智能化治理平台，整合各类资源，提高治理效率。通过培养具备智能化治理理念和技能的专业人才，促进各方之间的沟通和合作，形成合力，共同推进智能化治理体系的建设。总之，需要政府、企业、社会各方的共同努力，推动多方参与，才能通过推进网络空间治理的现代化和智能化。

① 谭日辉:《以数字技术提升基层治理精细化水平》，http://theory.people.com.cn/n1/2022/0525/c40531-32429692.html，访问日期：2023 年 8 月 1 日。

5. 发挥虚拟现实（VR）技术的作用

虚拟现实（VR）技术在网络空间中显得尤为重要。它不仅可以增强理解、模拟和应对复杂网络空间问题，还可以通过创建高度逼真的网络环境，用于模拟网络攻击、数据泄露等安全事件。这对于培训网络安全专业人员和增强公众对网络空间安全问题的理解非常有用。而它的数据可视化，可以将大量的网络数据以三维的形式展现出来，使得数据更易于理解和分析。VR技术不仅可以用于创建互动的教育和宣传内容，还能够帮助公众更好地理解网络空间安全问题，增强网络安全意识。这对于提高整个社会的网络安全水平非常重要。

三、新时代网络空间治理的治理逻辑：互信共治

互信共治是新时代网络空间治理的基本逻辑。网络空间基本的治理逻辑经历了从各自为政到互信共治的积极转变。互联网发展之初，网络空间治理的问题相对单一，而且涉及全球性的议题相对较少，加之各国在国家利益与意识形态方面的差异，网络空间治理基本是各自为政。但随着国内、国际事务向网络空间的拓展，“各扫门前雪”的治理模式已经不能满足需要。[①] 国家之间要在网络安全、数据开放和引入新技术应用等方面开展广泛对话与合作，增进互信，并在此基础上推动共同治理网络空间。与此同时，网络空间治理还需要政府、企业、技术公司和公众等多方力量共同参与，形成协同效应。这也体现了互信共治的理念。

① 张文君:《认清新时代网络空间治理核心要义》，http://views.ce.cn/view/ent/201907/04/t20190704_32521364.shtml，访问日期：2023 年 8 月 1 日。

（一）互信共治的治理逻辑的内涵

国家之间要在网络空间治理领域开展广泛对话与合作，要加强各国在网络安全、数据安全、网络技术应用等方面对话，增进互信，建立广泛的国际合作网络，并在此基础上推动网络空间共同治理。这需要各国在网络空间治理中摒弃零和博弈思维，秉持互信合作理念，在遵守网络空间国际规则的基础上开展更加广泛的利益协调。

网络空间治理需要政府、企业、互联网公司、民间组织及公众等多方共同努力，发挥协同效应，实现共治网络空间。如通过民间网络安全组织参与网络安全监测，企业和技术公司协助政府提高网络技术水平，公众参与互联网内容管理等。这需要政府在网络空间治理中发挥好引导和协调作用，充分调动各方积极性。

互信共治要求在网络空间治理中实现各方的共同参与，既需要有政府的领导，更需要有企业、群众的主动参与。同时，互信共治还要实现对网络空间治理的共同期盼，使各方在价值观和治理目标上达成一定共识，这需要政府在网络空间治理目标的制定和宣传上下足功夫。互信是前提，共治是手段。我们要进一步推动世界各国树立相互信任、共同治理的理念，特别是倡导在数字领域的交流互鉴、合作共享，共同推进全球网络空间的和平与发展。如何进行有效的数字治理，关系到网络空间治理的成败。网络空间治理核心议题的转换需要治理逻辑的相应转变，需要国际社会互信共治。[①]

---

① 张文君:《认清新时代网络空间治理核心要义》，http://views.ce.cn/view/ent/201907/04/t20190704_32521364.shtml，访问日期：2023 年 8 月 1 日。

（二）准确把握互信共治的治理逻辑

1. 构建广泛的国际合作网络

这要求各国在网络空间治理领域开展密切对话，增进各国之间的理解与信任，制定共同遵守的规则。需要反对网络空间的单边主义和霸权主义，推动建立权威的多边网络空间治理机制。广泛的国际合作网络可以为共同应对网络空间挑战提供基础。

2. 政府发挥好组织引导作用

互信共治要求政府在网络空间治理中发挥引导和组织协调作用，带动企业、群众等各方力量共同参与，发挥集体力量。这需要政府在网络空间治理机制和路径上下足功夫，才能更好地吸引更多力量共同参与进来。

3. 形成共同期盼

这要求各方在网络空间治理理念和目标上达成较高共识。需要政府在制定网络空间治理发展目标和重要政策时广泛征求各方意见，最大限度地凝聚共识。同时，也需要明确网络空间治理目标与加大重要举措的宣传力度，使其能够深入人心，形成共同期盼。

4. 实现共同参与

这要求政府在网络空间治理中发挥引导作用，并积极鼓励企业、技术公司和公众等广泛参与其中。如在互联网内容管理中调动网民力量，在网络安全监测中发挥民间组织作用等，形成广泛参与的格局。这需要简化网络空间治理流程，降低参与门槛，营造开放包容的环境。

第二章　网络空间治理的“四项原则”“五点主张”与制度体系

网络空间治理需要遵循我国提出的互联网治理的“四项原则”“五点主张”，要全面理解和把握其在“网络空间命运共同体”中的深刻内涵，充分认识其实践意义。与此同时，要立足国内逐步构建和完善网络空间治理的制度体系，以保障“四项原则”“五点主张”在网络空间治理过程中能够落到实处，确保国内网络空间的健康和可持续发展，为中国构建网络空间命运共同体进一步作出贡献。

第一节　网络空间治理“四项原则”的理论探析

网络空间是一个包括经济、政治、文化和社会等各个方面的新世界，在很多方面它与现实世界一样，但同时也区别于现实世界。即便如此，网络空间也需要一定程度的秩序，而这个秩序的智能和维护需要网络空间的参与者共同建立规范。我国提出的“尊重网络主权、维护和平与安全、促进开放合作、构建良好秩序”四项原则，是“携手构建网络空间命运共同体”理念的精髓，我们要深刻理解和把握构建网络空间命运共同体的理论内涵与作用，并充分认识其重大现实意义。

一、网络空间治理“四项原则”的提出背景和确立过程

（一）“四项原则”的提出背景

由于网络空间参与者的多样性以及价值观、意识形态和国家利益的显著差异，每个国家级参与者在制定互联网国际准则、建立互联网治理国际组织的过程中都很难达成共识。在此背景下，网络空间参与者试图通过提出互联网治理原则、缓解冲突和防止网络空间混乱来表达他们的观点。如某些西方国家的网络霸权主义使网络空间治理缺乏公平性和合作性，需要制定新的治理秩序。中国提出“构建网络空间命运共同体”，旨在化解这些困境，推动构建新的全球网络空间治理体系。这也反映出了中国作为负责任大国在全球互联网治理中的积极作用。

网络空间治理“四项原则”的提出体现了中国愿与各国实现合作共赢，共同推动全球治理变革，同时也有助于加强国际间的互联网空间治理合作。中国一直以来强调的是相互尊重、合作共赢的义利观，而不是零和博弈。

中国提出共建“一带一路”倡议。网络空间治理“四项原则”与“一带一路”倡议是一脉相承的，都是重视互利合作和共同发展。这为原则的形成提供了良好的国际环境。作为网络大国，中国有责任推动全球网络空间治理。“四项原则”的提出不仅凸显出中国愿意担当起这项负有历史使命责任，同时也表明了积极采取建设性举措的态度，以全面促进全球网络空间的开放与合作。

（二）“四项原则”的确立过程

事实上，网络空间治理的“四项原则”从提出到最终确立并非一蹴而就，它伴随着全球网络空间治理的整个历史进程，而中国则吸收和发展了早期互联网治理共识与成果，并形成了自己的观点。“四项原则”的历史渊源和演变过程具体如下。

1. 奠定思想基础

21 世纪初，随着互联网的普及，全球各国开始积极探讨互联网治理机制，在日内瓦和突尼斯世界信息社会峰会上达成部分共识，并提出互联网治理应公平和透明，各国政府、组织应共同参与等原则。这次峰会的召开也为今天的网络空间治理奠定了思想基础。

2. 创造有利条件

2011—2014 年，联合国以及上合组织等相继提出了互联网治理原则声明，阐述各自的互联网治理主张和理念。这些原则声明对网络空间治理产生了重要且深远的影响，也体现出了国际社会在这一领域仍存在分歧。这为“四项原则”的提出创造了条件。

3. 提出网络空间治理的“四项原则”

2015 年，中国政府提出构建网络空间命运共同体的概念，并提出“四项原则”，即“尊重网络主权、维护和平与安全、促进开放合作、构建良好秩序”。“四项原则”既吸收了上述各方面互联网治理原则的精髓，也根据网络空间发展的新需求和中国传统价值观提出了新的治理主张，如互联互通、互惠互利等理念。

4. 明确“四项原则”为基本原则

2019 年，第六届世界互联网大会组委会发布了《携手构建网络空间命运共同体》概念文件，明确“四项原则”是构建未来网络空间社区应坚持的基本原则。

网络空间治理“四项原则”的确立是全球网络空间治理发展进程的重要阶段。它根植于互联网早期的治理探索，又根据网络空间发展的新形势和需求创新而提出的新的治理主张，使之成为广受欢迎和支持的全球网络空间治理原则。这彰显了中国在参与全球互联网治理中的建设性作用。“四项原则”是网络空间治理的里程碑，而原则的确立也使得网络空间的治理发展进入了新的阶段，为构建网络空间命运共同体指明了方向，同时也使全球网络空间治理达成了更广泛共识，再次加强了全球在这一领域的团结协作，使其能够继续引领全球网络空间治理深入发展。

二、网络空间治理“四项原则”的内容范畴与实践作用

“尊重网络主权、维护和平与安全、促进开放合作、构建良好秩序”是构建网络空间命运共同体的精髓，需要我们准确理解和把握其所包含的主要内容，以及其在构建网络空间命运共同体过程中的作用。

第一，尊重网络主权原则。网络主权是指各国政府有权根据本国国情，制定有关网络空间的公共政策和法律法规，对本国境内信息通信基础设施和资源、信息通信活动拥有管辖权，同时，有权保护本国信息系统和信息资源免受威胁、干扰、攻击和破坏，有义务保障公民在网络空间的合法权益。尊重网络主权就是确保各国主权在网络空间的延伸，确保各国自主选择网络发展道路的权利，确保各国政府和企业自主选择网络基础设施建设模式、网络安全制度以及网络内容的生成与传播方式等。

在构建网络空间命运共同体的过程中，要理解不同国家由于政治制度、经济发展阶段以及文化传统的差异而形成的不同网络主权观和主张。只有尊

重这些差异，缓解由此产生的分歧与冲突，才能增进互信，从而构建人类命运共同体。这要求在技术标准、内容审核以及网络安全等问题上保障各国自主权，促进各国之间的沟通与合作。同时，也需要各国在行使网络主权时不损害其他国家的合法权益。这需要在具体内容上开展更广泛和深入的交流与讨论。这样做的最终目的是化解由不同网络主权观导致的网络分裂，增强网络空间的连通性与互操作性，促进技术标准制定和内容的交流，实现不同国家网络空间的集聚与共享，最终推动构建人类命运共同体。

第二，维护和平与安全原则。该原则旨在通过构建多国网络安全机制，维护网络安全、和平使用网络空间以及和平解决网络争端，以确保网络环境稳定。要推动签订具有法律约束力的国际条约，建立像《信息安全国际行为准则》那样具有广泛参与的网络安全规则制定机制，并建立相关监测与执法机制。同时，还需要加强技术层面的合作，比如构建联动机制，建立网络安全信息共享平台，加强对网络恐怖主义和网络攻击的联合防范与打击。只有真正形成全球网络安全体系，这一原则的作用才能充分发挥。

第三，促进开放合作原则。旨在推进网络空间全方位创新发展，实现在不同制度、不同民族和不同文化背景下网络空间参与者利益最大化的保障。遵循这一原则，就是开展全球网络技术标准化进程，构建网络基础设施互联互通机制，推进全球知识资源的互联网传播，加强全球数据流动和资源整合，以实现共同繁荣。

要在政策和技术层面推动全球互联互通。政策层面要降低各国数据流动和资源整合的壁垒，鼓励开展全球互联网治理机制改革；技术层面要加速推进全球技术标准的协调与融合，构建网络基础设施的全球互联互通机制。同时，要发挥市场机制的作用，实现全球互联网产业链的优化重构和协同创新。只有弥合数字鸿沟，实现全球范围内网络的有效连接，才能充分发挥这一原则的作用，实现各国的网络规模经济和网络外部性效应，推动全球产业链优化升级，促进全球各国产业结构转型，提升全人类的知识产权获取机会和创新创造力。

第四，构建良好秩序原则。网络空间参与者必须认识到网络空间不是法外之地，应以公认的国际法和国际关系基本准则为基础，构建良好网络空间秩序。遵循这一原则，就是制定网络行为规范，构建公平的全球网络治理体系，推动建立涵盖网络安全、基础设施互联和数据流动等的全球网络空间治理规则，引导其向健康的方向发展。

要推动全球网络治理体系改革，建立规范全球网络空间发展的规则制定机制和争端解决机制；各国应在多边框架下，共同推进《网络空间国际行为准则》转化为具有法律约束力的国际公约，并建立相关监督与执行机制；同时，要探索建立联合国网络空间公约或世界网络组织等具有广泛代表性的网络治理机构，逐步完善全球网络空间治理体系。只有这样，才能规范不同主体的网络行为，协调全球网络空间发展进程中的权益关系，推动全球互联网治理体系的转换，实现多边网络空间治理机制的构建，最终推动全人类网络命运共同体的形成。

网络空间治理“四项原则”在内容和作用上密切相关，但又各有特点。它们共同构成了全球网络空间开放合作与治理体系的基石，是推动构建网络空间命运共同体的基本遵循，为网络空间持久稳定与共同繁荣服务。

三、“四项原则”的示范、指导及裁判作用

“四项原则”的提出有利于抑制网络霸权主义、单边主义，维护互联网技术后发国的国家利益，具有合法性和可行性，对互联网技术后发国家具有示

范作用。[①]示范作用、政策性指导作用与裁判作用是“四项原则”的重要理论内涵。这三个方面的作用共同推动和引领全球网络空间治理进程向正确方向发展。这是“四项原则”成为治理网络空间的基本遵循与价值追求。

（一）“四项原则”的示范作用

“四项原则”体现了开放包容、合作共赢的理念，反映了现阶段包括中国在内的大多数国家应对互联网治理的基本立场，彰显了推动构建网络空间命运共同体的思想精髓与行动方向。其示范作用使得网络空间的治理变得更加公平、公正和有效。这将对全球网络空间治理产生重要影响和深远意义。

尊重网络主权原则体现了对国家主权的尊重和维护。在互联网的发展过程中，一些国家试图通过单边主义和霸权主义控制全球互联网，这显然是不可被接受的。尊重网络主权的原则可以防止网络霸权主义的发生，让各国在网络空间中享有平等的地位，这对其他互联网技术后发国家具有示范作用。

维护和平与安全的原则是网络空间治理的重要基础。网络安全是全球共同关注的问题，没有和平稳定的网络空间，就没有良好的网络环境和健康的网络发展。维护和平与安全的原则可以使国家在互联网领域中保持平衡，避免因网络安全问题而引发国际紧张局势。

促进开放合作的原则是网络空间发展的必然趋势。互联网是一个开放的平台，全球各国可以通过开放合作来实现互利共赢。促进开放合作的原则可以推动网络空间的互联互通，让各国之间的信息流动更加顺畅，为全球经济发展提供更大的动力。

构建良好秩序的原则是网络空间治理的核心目标。网络空间是一个虚拟

① 郑文明:《准确把握网络空间命运共同体构建的基本原则》,《中国社会科学报》，2022 年 12 月 8 日，第 3 版。

的空间，需要有一定的规则和秩序来引导和保障网络发展。构建良好秩序的原则可以有效规范网络空间中的行为，维护网络的公平公正，让网络空间变成一个安全、开放和有序的环境。

（二）“四项原则”的指导作用

构建网络空间命运共同体的政策性法律原则，是网络法律基本精神和价值的承担者、网络法律内容体系的基本架构者，可以作为网络法律解释和推理的依据，为全球网络空间治理提供政策性指导，为各国制定相关政策和规则提供基本方向，具有重要的法律意义。

尊重网络主权原则要求国际社会在技术标准、内容管理以及网络安全等问题上要尊重各国主权，为各国在网络空间中享有平等的地位提供了保障，可以避免网络霸权主义的发生，维护各国的国家利益。各国在制定相关政策和规则时，可以根据这一原则制定自己的标准和规则，保护自己的网络主权，保障网络空间的安全和稳定。

维护和平与安全原则要求各国要加强在网络空间的互信与合作。在互联网的发展中，网络安全问题日益突出，国际间的网络安全合作变得尤为重要。维护和平与安全的原则可以促进国际间的合作，避免因网络安全问题而引发的国际紧张局势。各国可以在这一原则的指导下，加强安全合作与信息共享，共同维护网络空间的安全和稳定。

促进开放合作原则的指导作用要求降低数据流动壁垒，推动互联互通。互联网是一个开放的平台，各国之间的数据流动和信息共享具有重要的意义。促进开放合作的原则可以推动网络空间的互联互通，为全球经济发展提供更大的动力。各国可以在这一原则的指导下，加强合作与交流，实现互利共赢。

构建良好秩序原则要求要建立规范网络空间行为的规则和制度。网络空间是一个虚拟的空间，需要有一定的规则和秩序来引导和保障网络发展。构建良好秩序的原则可以规范网络空间中的行为，维护网络的公平公正，可以使网络空间变成一个安全、开放和有序的环境。各国可以在这一原则的指导下，制定相应的规则和制度，保障网络空间的可持续发展。

（三）“四项原则”的裁判作用

在各国和网络空间其他主体的行为中，“四项原则”已成为评判其行为是否合法和合理的基本标准，对其网络主权观念、安全政策以及开放程度产生了重要的制约和影响。

尊重网络主权原则为全球网络空间治理提供了基本的准则，对那些侵犯他国网络主权的行为，可以直接作为裁判依据，进行判决。例如，一个国家试图通过网络攻击或其他手段侵犯另一个国家的网络主权，此行为违反尊重网络主权原则，将会遭到国际社会的质疑和反对。

在全球互联网的发展中，网络安全问题越发突出，国家间的网络安全合作变得尤为重要。“四项原则”中的维护和平与安全原则可以作为裁判依据，对那些损害网络安全的行为进行判决。例如，一个国家通过网络攻击或其他手段破坏网络安全，此行为违反维护和平与安全原则，将会遭到国际社会的批判和制裁。

促进开放合作原则可以作为裁判依据，对阻碍网络空间治理开放合作的行为进行判决。例如，一个国家在网络空间中设置了过多的数据流动壁垒，阻碍了网络空间的互联互通，那么此行为将违反促进开放合作原则，会遭到国际社会的质疑和反对。

“没有网络安全就没有国家安全”。网络安全已经成为关系国家安全和发展、关系广大人民群众切身利益的重大问题。构建良好秩序原则可以作为裁判依据，对扰乱网络秩序的行为进行判决。例如，个人或组织在网络空间中散布虚假信息，破坏网络秩序，此行为违反了构建良好秩序原则，将会遭到国际社会的指责和制裁。

四、“四项原则”的法律内涵解读

网络空间需要建立规范性体系，否则，各国在网络空间中的发展、安全、责任和利益都无法得到保障，网络空间命运共同体的构建也就难以落实。网络规范主要由法律规范组成，因为法律规范通常包括法律规则和法律原则，因而网络规范通常由适用于网络空间的法律规则和法律原则组成，从而使“四项原则”归属于法律原则和法律规则。简单来说，“四项原则”在内容上具有丰富的法律内涵，在形式上属于法律规则与法律原则。

（一）“四项原则”具有丰富的法律内涵

从法律规定的角度来看，“四项原则”在《中华人民共和国宪法》和《中华人民共和国网络安全法》等法律文件中得到了明确规定。例如，《中华人民共和国网络安全法》第一条规定了“维护网络空间主权”，第七条规定了“建立多边、民主、透明的网络治理体系”，这些规定不仅具有指导性，更是法律规范范畴内的规则。

从逻辑结构来看，“四项原则”并没有设定明确、具体的假定条件、行为模式和法律后果。但它们都处于法律规范的范畴中。“四项原则”的逻辑结构不同于传统的法律规则，但它们仍然具有法律规范的特征。这是因为“四项原则”与网络空间的国际规则有着直接的联系，为国际社会制定网络空间国际规则提供了基本的原则依据。

从条文内容来看，“四项原则”的内容虽然没有类似于法律规则那样的具体性和确定性，但它们具有一定的统摄性和指导性，能够对网络空间国际规则的制定和实施产生积极的影响。“四项原则”的统摄性体现在其对网络空间治理的方向和目标进行了基本的定义，这为国际社会制定网络空间规则提供了基本的指引。“四项原则”的指导性体现在其对网络空间国际规则的制定和实施提出了基本的要求和建议，这些要求和建议可以指导国际社会在制定和实施网络空间国际规则时考虑到各方面的利益，达到共赢的效果。

（二）“四项原则”反映了网络空间治理的基本理念和价值取向

“四项原则”包含了平等、互利、互信等法律原则，彰显了构建人类命运共同体的思想追求。“四项原则”的制定是为了指导网络空间的治理，为制定网络法律规范和处理网络纠纷提供指引。

“四项原则”在网络空间法律制定中起到了指导作用。网络空间的发展日新月异，随之而来的是各种各样的问题和纠纷，这就需要通过制定网络法律规范来解决。“四项原则”为网络法律规范的制定提供了基本的思想和原则基础，使法律规范更加符合网络空间治理的要求。

网络纠纷的处理需要有明确的法律准则和判断标准，“四项原则”提供了基本的法律原则，为网络纠纷的裁判提供了指引。在实践中，“四项原则”的适用也能够为网络纠纷的解决提供参考，使决策更加公正合理。

网络空间法治体系的建设需要有基本的法律原则和指导思想，“四项原则”的制定为网络空间法治体系的建设提供了基础。“四项原则”的适用和推广，也能够促进网络空间法治体系的建设，推动网络空间治理体系的完善。

“四项原则”体现了网络空间治理的基本价值追求和行为准则。首先，网络主权是指各国在自己的网络空间内享有的独立决策权和控制权。尊重网络主权原则在法律上要求各国在网络空间内要平等相待，不干涉别国内部事务，不进行网络窃听、网络攻击等侵害他国网络主权的行为，从而保障各国网络自主权。其次，网络安全是保障网络空间中信息通信的可靠性、可用性和保密性，而网络恐怖主义与网络攻击行为则是破坏网络安全的主要威胁。维护网络安全原则在法律上要求各国加强网络安全合作，共同打击网络恐怖主义与网络攻击行为，保障网络空间的安全稳定。再次，促进开放合作原则要求在法律上消除数据流动壁垒，保障互联互通。开放合作是网络空间发展的重要推动力，数据流动壁垒则是影响网络空间开放合作的主要障碍。促进开放合作原则在法律上要求各国加强数据的共享和交流，消除数据流动壁垒，促进互联互通，推动网络空间的开放与合作。最后，良好秩序是网络空间发展的基础，而规范网络空间行为则是构建良好秩序的前提。构建良好秩序原则在法律上要求各国加强网络空间治理，推动建立网络空间法律体系，规范网络空间行为，维护网络秩序。

第二节　网络空间治理“五点主张”的内涵与实践

构建网络空间命运共同体的“五点主张”，即“加快全球网络基础设施建设，促进互联互通”“打造网上文化交流共享平台，促进交流互鉴”“推动数字经济创新发展，促进共同繁荣”“保障网络安全，促进有序发展”“构建全球网络空间治理体系，促进公平正义”。

“万物并育而不相害，道并行而不相悖”。中华优秀传统文化历来崇尚和合共生，主张和而不同。“网络空间命运共同体”并不局限于某个特定的国家或地区，而是关乎全人类的生存和发展。习近平总书记在向第四届世界互联网大会致贺信时强调，我们倡导“四项原则”“五点主张”，就是希望与国际社会一道，尊重网络主权，发扬伙伴精神，大家的事由大家商量着办，做到发展共同推进、安全共同维护、治理共同参与、成果共同分享。[①]

一、加快全球网络基础设施建设，促进互联互通

互联网的发展，已经成了全球经济、文化和社会发展的重要推动力。然而，由于经济和技术发展的不平衡，全球范围内的网络基础设施建设存在较大的差异，这种不平衡格局加大了发达国家与发展中国家之间的数字鸿沟，也限制了互联网的普及和应用。因此，加快全球网络基础设施建设，促进互联互通，已经成了推动全球网络空间发展的重要任务。

所以，在全球网络基础设施建设方面要充分利用新技术和新模式，加速网络基础设施建设。特别是在经济相对落后的国家和地区，需要通过国际和地区合作，利用各种资源，共同推动网络基础设施的建设，缩小数字鸿沟，实现全球网络空间的均衡发展。

在加快全球网络基础设施建设的过程中，需要采取多种措施，包括：加强国际合作，共同推动互联网的建设和应用；加速网络基础设施的建设，提高互联网的覆盖面和传输速度；提高网络安全保障能力，保护互联网的信息安全和用户隐私；推动数字经济发展，促进数字经济的创新和发展。同时，还需要推动国际标准化和规范化，加强网络基础设施的互操作性和互连性，促进各国网络的互联互通。只有通过加强国际合作和共同推动网络基础设施建设，才能实现全球网络空间的共享和互利，建设网络空间命运共同体。

近年来，我国一直在不断加快全球网络基础设施建设，促进互联互通。

① 居梦、李学锋：《为网络空间全球治理贡献中国智慧中国力量》，http://www.dangjian.com/shouye/sixianglilun/dangjianpinglun/202212/t20221222_6532197.shtml，访问日期：2023年8月1日。

作为互联网发展的一项重要任务，目前已经制定了一系列的政策和措施。只有加强网络基础设施建设和应用，才能促进数字经济的发展和创新。在实践中，我国正在推进 5G 网络的建设和应用，加强网络安全保障能力，推动数字经济的发展和创新。在加强国内网络基础设施建设升级换代的同时，我国还在“一带一路”倡议中加大对海外的投资和建设力度，扶持和帮助欠发达国家和地区的网络基础设施建设，让这些国家尽快融入全球网络的链条之中，实现与世界的完美融合，体验和分享各国的发展经验和异域文化。同时，中国还积极参与国际标准化和规范化，加强与其他国家和地区的网络互联互通，推动全球网络空间的开放、安全、有序与和谐发展。

二、打造网上文化交流共享平台，促进交流互鉴

在当今世界，文化交流已经成了全球交流的重要组成部分。网络技术的发展使得文化交流变得更加方便和快捷，网络平台成了推动文化交流和共享的重要手段。打造网上文化交流共享平台，促进交流互鉴，已经成了推动世界文化发展的重要任务。

打造网上文化交流共享平台具有重要意义。网络平台为文化交流提供了无限的可能，通过网络平台，任何人都可以在不同地域、不同文化背景下进行交流。网络平台的快捷和便利使得文化传播不再存有门槛障碍，打通了传播的“最后一公里”，实现了传受双方的无缝对接，无论是点对点还是点对面的传播和交流，都能轻松实现。因此，我们应该充分利用好网络平台，发挥起优势作用，让文化交流变得更加顺畅。

为了打造网上文化交流共享平台，加强网上文化的资源库建设非常重要。网络平台强大的容量，不仅可以存储大量的文化资源，还能建立强大的搜索

引擎，让我们的交流互鉴变得更加轻而易举、无所不能。通过建立强大的网上资源库，我们还可以让人类的文化遗产得到更好地保存和传承，并且让文化交流变得更加广泛和深入。在网上文化交流共享平台的建设中，我们还需要注意到文化差异和文化多样性的问题。因为不同的文化背景下，人们的思想观念、价值观念和行为方式等都存在差异。因此，我们需要在文化交流中尊重差异，保持开放、包容的态度，推动文化多样性的发展。同时，我们也需要加强文化交流的互鉴，通过交流和学习，让不同文化之间相互影响、相互借鉴，实现文化交流的双向流动，从而促进多元文化之间的融合和创新。

为打造网上文化交流共享平台，我国政府在这方面已经制定了一系列政策和措施来加强网上文化资源库建设和应用，推动文化交流和互鉴。例如，我国正在推进数字文化建设，加强文化产业的发展和创新，同时也积极参与国际文化交流和合作。这些都推动着世界文化多样性的发展。

三、推动数字经济创新发展，促进共同繁荣

随着现代信息技术的飞速发展，数字经济已逐渐成为全球经济的一大驱动力。数字经济以其独特的虚拟属性，突破了传统经济发展模式的局限，为全球经济带来了新的活力和无限的可能。2022 年，我国政府工作报告中明确了“扎实推进共同富裕”以及“促进数字经济发展，加强数字中国建设整体布局”的工作目标。[①] 在这一背景下，推动数字经济创新发展，共享繁荣成果已成了时代的发展趋势。

数字经济具有极为广泛的内涵，既包括基础设施建设、硬件产品制造等

① 张丽君:《充分发挥数字经济在推进共同富裕中的重要作用》，https://m.gmw.cn/baijia/2022-06/13/35804840.html，访问日期：2023 年 8 月 1 日。

传统领域，又涉及网络服务、电子商务、网络金融等新兴产业。与传统经济模式相比，数字经济的最大优势在于其跨越地域界限和人为限制的能力，为经济全球化和创新型经济发展提供了更加广阔的舞台。

正是由于紧紧抓住了这一时代机遇，我国在数字经济创新与发展方面取得了举世瞩目的成就，不仅在国内取得了长足的发展，更在国际舞台上展示出了强大的竞争力。我国的数字经济发展模式已成为世界各国借鉴和学习的典范，为世界经济共同繁荣发展贡献出了中国智慧和中国方案。

推动数字经济创新发展，需要加强网络基础设施建设，这是提高数字经济发展质量和效益的关键基础。我国在这方面的努力已取得了显著成效，通过加大投资力度，提升网络硬件设施水平，为整个社会的数字化、智能化发展创造了良好条件。同时，中国也积极推动网络技术创新，不断提升国内互联网产业的竞争力，为数字经济发展注入源源不断的活力。

推动数字经济创新发展，需要发挥市场和政府的双重作用。市场在配置资源方面具有独特优势，可以为数字经济的创新和发展提供强大动力。政府则需要在政策制定、法律法规建设等方面发挥作用，为数字经济发展创造良好环境。我国在这方面的成功经验值得借鉴，通过推动市场和政府的良性互动，营造有利于数字经济发展的良好氛围。

加强数字经济领域的国际合作与交流同样至关重要。数字经济的全球化特性使其成为各国共同关注和参与的焦点。我国在数字经济发展过程中，始终坚持开放合作，积极参与国际交流，与世界各国分享数字经济发展的经验和成果。通过深化国际合作，我国不仅为世界各国提供了共享发展机遇，同时也为全球经济共同繁荣发展作出了重要贡献。

数字经济的繁荣与发展离不开人才的培养和引进。人才是推动数字经济创新发展的核心力量，也是确保数字经济可持续发展的关键支撑。为此，加大网络人才培养力度，打造一支具备创新精神和专业技能的高素质人才队伍便成为当务之急。我国在这方面取得了显著成果，通过加强教育投入、优化人才培养体系，为数字经济发展提供了充足的人才储备。同时，我国还积极引进国际优秀人才，以全球视野培养和引导国内网络产业发展，为数字经济的创新和繁荣注入了强大动力。

在推动数字经济创新发展的过程中，保障网络安全不容忽视。网络安全事关国家安全、民族利益和人民福祉，是数字经济健康发展的重要基石。在发展数字经济的同时，应加强网络安全防护体系建设，增强网络安全意识，保障网络空间安全稳定。我国在网络安全领域的工作取得了世界公认的成果，为数字经济的可持续发展提供了有力保障。

推动数字经济创新发展，需要关注社会责任和公平正义。数字经济的高速发展可能会带来数字鸿沟、信息不对称等问题，影响社会公平与正义。因此，在发展数字经济的同时，应关注弱势群体的利益，推动数字普及，缩小数字鸿沟，营造公平竞争的市场环境。我国在这方面的探索和实践为世界提供了有益借鉴，通过多元化、包容性的政策举措，进一步推动实现了数字经济的共同繁荣。

四、保障网络安全，促进有序发展

在数字化时代，网络空间和网络世界的私密性和隐蔽性在保障方面存在很大难度。网络黑客就是网络技术发展到了一定程度，产生的网络密钥被盗现象，造成网络空间受到恶意攻击并被技术远程操控。网络上的潜在威胁甚至远远超越现实中的威胁，给个人、家庭、社会和国家的安全带来前所未有的挑战。这些潜在的安全威胁可能来自世界的任何一个角落或地方，而且还会产生一系列连锁反应，甚至能够造成不可估量的损失，其破坏性和负能量绝不亚于现实社会中的有形威胁和攻击。《中华人民共和国国家安全法》第二条明文规定："国家安全是指国家政权、主权、统一和领土完整、人民福祉、经济社会可持续发展和国家其他重大利益相对处于没有危险和不受内外威胁的状态，以及保障持续安全状态的能力。"①

当代国家安全体系构成要素依次为国民安全、国域安全、资源安全、经济安全、社会安全、主权安全、政治安全、军事安全、文化安全、科技安全、生态安全、信息安全这 12 个方面。从理论上说，国家安全体系面对开放的网络世界均存在一定的风险。在网络时代，为了对付网络盗窃和网络攻击，一些国家或地区纷纷利用更先进的技术建起了自己的"防火墙""防盗网"，以保护自身的安全和利益不受侵犯。

然而，单纯地建立技术防线并不能完全解决网络安全问题。关键还是要建立健全的网络法律法规，进一步规范和约束网上行为，推动网络社会安全有序发展。在这方面，国家、社会、家庭和个人都有不可推卸的责任。

第一，在国家层面，要加强网络安全法律法规建设，完善网络安全管理政策和措施，加强网络安全技术研究和开发，提高国家网络安全防范和应对能力。

第二，社会各个层面要加强网络安全管理，建立健全的网络安全监管机制，加强网络安全宣传和教育，增强社会公众的网络安全意识。

第三，家庭应建立健全的家庭网络安全体系，定期对家庭电脑进行杀毒和防火墙设置，并对家庭成员进行网络安全知识教育。

第四，个人在使用互联网时应注意个人信息保护，不随意泄露个人隐私，在使用互联网时要注意网络安全，不要下载未知来源的软件和文档，不要浏

① 详见:《中华人民共和国国家安全法》。

览不安全的网站，不要随意点开来历不明的邮件附件。

只有在国家、社会、家庭、个人全社会共同努力下，才能够建立起健全的网络安全体系，实现网络社会的安全有序发展，促进经济发展和社会进步。

五、构建全球网络空间治理体系，促进公平正义

随着互联网的普及和发展，网络空间已经融入人们的生活。因此我们需要共同参与、出谋划策和综合治理，进而建立健全网络治理体系。在这个过程中，重要的一点是构建互联网治理体系，促进公平正义。习近平总书记在第二届世界互联网大会上指出：“国际网络空间治理，应该坚持多边参与、多方参与，由大家商量着办，发挥政府、国际组织、互联网企业、技术社群、民间机构、公民个人等各个主体作用，不搞单边主义，不搞一方主导或由几方凑在一起说了算。各国应该加强沟通交流，完善网络空间对话协商机制，研究制定全球互联网治理规则，使全球互联网治理体系更加公正合理，更加平衡地反映大多数国家意愿和利益。”[①] 各国应该加强沟通交流，完善网络空间对话协商机制，研究制定全球互联网治理规则，使全球互联网治理体系更加公正合理，更加平衡地反映大多数国家意愿和利益。

在构建全球互联网治理体系时，加强沟通交流是非常重要的，沟通交流是处理国际事务的基本手段。只有通过充分的沟通交流，各国才能够更好地了解彼此的需求和利益，才能够更好地协商解决问题。通过沟通交流，各国可以共同探讨网络空间的规范和治理，达成共识，推动全球互联网治理体系的建设。

---

① 中国新闻网：《以“四个自信”贯彻互联网治理推进网络空间命运共同体构建》，https://baijiahao.baidu.com/s?id=1738314154621660466&wfr=spider&for=pc，访问日期：2023 年 8 月 1 日。

在构建互联网体系时，完善网络空间对话协商机制不可或缺。对话协商机制的建立和完善是维护网络空间友好局面的重要体现，是人类之间相互理解、相互尊重的重要保证。只有通过对话协商，各国才能够共同解决问题，达成共识。因此，我们需要建立更加完善的对话协商机制，让各国能够更加充分地表达出自己的意见和看法，共同解决网络空间的问题。

制定全球互联网治理规则很有必要。在网络空间中，不仅需要各国遵守国际法和国际准则，还需要制定更加具体的规则，以便能够更好地维护网络空间的安全和稳定。这些规则需要在各国的共同参与下制定，以确保公平正义。这些规则不仅需要适用于国际互联网，也需要适用于各国的国内网络空间。只有通过制定全球互联网治理规则，才能够更好地维护网络空间的公平正义。

在构建互联网体系时，加强网络安全必不可少，网络安全是构建互联网治理体系的重要组成部分。网络安全是互联网发展的基石，是保障网络空间安全和稳定的重要基础。网络安全需要各国共同维护，需要各国加强合作，建立起更加完善的网络安全体系，以确保网络空间的安全和稳定。

第三节　网络空间治理的制度体系建设

“网络空间命运共同体”的构建不仅要遵循“四项原则”，践行“五点主张”，更离不开具体的治理制度体系建设，这样才能形成有力保障。

网络空间治理的制度体系建设是一个复杂的系统工程。就国内层面而言，制度体系应涵盖法律制度、标准规范、责任义务、安全监管、宣传教育、科技创新和评估考核等诸多方面。这些制度体系之间相互配套、协调联动，共同推进网络空间治理能力建设与制度创新，为网络强国和网络空间命运共同体构建提供制度保障。

一、建立健全法律制度体系

建立健全网络空间治理的法律制度体系需要系统考量，通过专门立法、灵活法规、明确管理主体、注重技术中立与保障适当灵活性等措施，在权力清晰、管理到位与技术准确之间实现平衡，这将有助于规范网络空间，促进网络发展。具体来说需从以下几个方面着手。

第一，制定专门的网络法律。例如，已经施行的《中华人民共和国网络安全法》《中华人民共和国个人信息保护法》《中华人民共和国电子商务法》等法律法规，这有助于从整体上规范网络空间中的各种活动。此外，现有法律中涉及网络因素的也需要适当修订，以适应网络发展。

第二，建立灵活的法规体系。网络环境变化很快，相关的部门规章需要简单高效。这需要多部委协同，理顺网络管理的体制框架，增强规章的针对性和可操性。

第三，确定清晰的管理主体。网络空间涉及电信、互联网、数据安全、内容管制等多个方面，相关管理部门需要明确职责，避免管理空白或管理重叠。这需要各部门在顶层设计的基础上厘清关系，通过法律手段固定各自的管理权限。

第四，注重技术中立原则。网络法律不应当过于倚重或偏向某一特定技术，它需要在推进技术发展的同时限制技术潜在的负面影响。这要求在立法过程中吸收技术专家意见，预测不同技术发展的法律影响。

第五，保证适当的灵活空间。网络平台与企业也需要一定自主权，网络法律不应要求对所有信息实施过滤。这需要在管理与自主之间探索平衡，给予网络企业一定的自律空间，避免过度管制造成市场扭曲。

二、建立健全标准规范体系

建立健全网络空间治理的标准规范体系，需要参与各方应以求同存异的精神，通力合作，共同推进，实现标准规范的“科学性、规范性、权威性和可操作性”。满足这几点要求的标准规范体系，才是真正有助于网络空间治理的。

网络空间治理的标准规范主要有网络安全技术标准、网络行为准则和网络意识形态标准。网络安全技术标准包括网络设备安全标准、密码技术标准、网络攻防测试标准等；网络行为准则包括个人信息保护准则、网络评论准则和电商交易准则等；网络意识形态标准包括网络新闻信息真实性标准、网络内容有害信息识别标准等。建立健全这三类标准规范需要把握以下几点。

第一，广泛凝聚共识。在标准规范制定过程中，要广泛征求和吸纳不同利益方的意见，形成较广泛的社会共识。这有助于标准规范的权威性和可接受性。

第二，分类区分不同层级。可以制定原则性指引、技术要求性规范和行业自律性规范等不同层级的标准，避免过度或不必要的限制。

第三，试点先行，逐步完善。标准规范的制定是一个长期迭代的过程，可以首先在部分领域或地区试点，然后在实践中检验和改进，逐步扩大范围和深化规范。

第四，建立配套评估机制。制定标准规范需同步建立相应的评估体系，定期评估标准规范的实施效果，并不断修订与改进，使之适应网络治理的需要。

三、建立系统性的网络综合治理体系

互联网给世界带来了新变化和新发展，但也同样带来了新问题和新挑战，切实提升网络空间治理能力，是当前一项重大且紧迫的课题。健全网络综合治理体系，核心是平衡好发展和监管之间的关系，实现规范监管与健康可持续发展的相互促进。系统性的网络综合治理体系建设只有抓住关键，才能达到纲举目张的效果。

第一，优化党委领导管理体系与增强多元协同治理能力。针对网络空间治理主体多元化的特征，要进一步明确党委领导、政府管理与社会协同治理之间的责权关系。以党委为中心，政府部门统筹协调与执行，社会组织、企业和网民协同参与的综合治理格局。

第二，创新内容治理体系与掌握网络舆论主动权研究。在传播内容、机制创新方面，从传播范式创新、传播队伍打造、传播阵地构筑、融合传播创新、评审奖励机制等方面，要强化正能量内容的传播，把握住网络舆论的主导权。明确负面内容管控的限度和信息自由的领域，明确党委、政府、社会组织和网络用户等不同主体在内容管控中的职责。

第三，完善网络法治体系与构建良好网络文明生态研究。网络法治体系建设要以现实问题为主导方向，同时预防未知风险，坚持安全保障与发展同行，逐步建立起完备的网络法治体系，健全高效的网络法治实施体系、严密的法制监督体系和法治保障体系。

第四，创新技术支撑体系与提升现代化治理效能研究。以新技术为引领，以新一代人工智能、智能传感技术、隐私计算、虚拟现实与交互等新兴技术为支撑，以法治化、智能化、协同化、生态化为目标，建设智慧平台，全面实现现代化的网络综合治理。

四、建立健全宣传教育体系

建立健全网络空间治理的宣传教育体系，需要立足分类教育与全民学习，采取线上线下相结合的教学方式，建立评估机制并加强国际交流合作，以不断提升全社会的网络素养，并增强安全意识。

分类制订教育计划，可以根据不同对象制订网络安全教育计划、网络道德教育计划、个人信息保护教育计划等，采取分类施策、精准教育的手段。

加强普及网络知识，要特别注重加强中小学网络知识的普及教育，让未成年人从小树立正确的网络安全意识，培养使用习惯，这是网络教育的根本。针对社会公众，开展网络公民教育，普及网络法律法规知识、增强网络社会责任意识、掌握网络安全常识等，培育网络社会公德。

加强教师培训和改革教学方式，并构建教育评估体系。要加强对教师的网络教育知识与技能培训，特别是中小学教师。让教师具备运用网络进行教学的能力和教授网络知识的技能。可以运用网络在线课程、移动学习应用、实用案例分析等多种教学方式，进行互动教学。并结合实践操作，提高学习效果。建立网络空间教育效果评价体系，定期开展评估，检测教育计划与措施的实施效果，并不断改进优化。评估对象包括公民网络素养、青少年健康网络习惯等。

另外，要加强与其他国家和国际组织在网络教育领域的交流，学习借鉴成功经验，并在此基础上开展网络空间治理教育国际合作，以推动教育理念的交流与融合。

五、建立健全科技创新体系

建立健全网络空间治理的科技创新体系需要加大投入，构建生态环境，重视人才培育，维护技术安全，并依托全球创新网络实现技术共享与协同发展。

第一，加大对网络空间核心技术的投入，如人工智能、区块链、量子计算等，不断提高技术创新能力。这需要政府、企业和社会资金的共同支持。

第二，制定网络空间治理科技发展战略和路线图，加强对关键共性技术、网络安全技术等方面的研发规划与布局。提高研发的系统性和前瞻性。

第三，根据战略研发布局，政府、企业和高校应加强协同，在人工智能、网络安全等方面开展联合研发。实现资源共享，加速技术创新。

第四，创建网络空间治理的科技创新生态圈，鼓励企业之间的技术合作与交流，促进产学研用相结合。政府在生态建设中发挥好引导和服务作用。

第五，建立网络空间治理人才培育体系，加强对相关学科和人才的支持。实行产学合作，联合开展相关人才的培养。

第六，建立科学的网络空间治理科技评价体系，定期评估新技术的安全稳定性和应用效果。评价体系应符合技术发展规律，促进技术创新与应用。

第七，加强同国外的网络空间治理技术交流与合作。在条件允许的情况下，开展技术的引进消化吸收与改进创新，实现技术的共享与协同发展。

六、建立健全评估考核体系

建立健全网络空间治理评估考核体系，需要广泛深入评估各治理要素，注重定量分析与定性评价相结合，并建立动态监测与定期评估相结合的机制。

要强调第三方评估与信息公开，并不断学习与优化。要将评估作为治理的有机部分，持续改进网络空间治理能力。

要对网络空间治理的各个方面进行评估，如治理体系运行情况、治理政策措施效果、主体责任落实情况和公民网络素养提高情况等。评估范围应全面系统。要同时采用定量指标和定性分析的方法，从数字统计数据和案例评估中获取网络空间治理的真实情况，避免过于主观和片面。

要建立网络空间治理动态监测机制，随时掌握各治理要素的运行状况；同时，定期开展系统全面的评估工作，检验总体治理效果。可以选聘社会第三方专业组织开展网络空间治理评估工作。第三方评估具有独立客观的优势，可以获取更为准确全面的评估结论。在评估结束后，要及时将评估意见和建议反馈给相关部门或主体，促进改进措施的制定与执行，建立健全的评估反馈机制和工作流程。

要将网络空间治理评估的过程与结果向社会公开，接受社会各界的监督与评议。这有助于增强评估的透明度与公信度。要根据评估工作中的问题与不足，不断优化和提高评估方法、评估指标体系与工作流程，推动治理评估工作向纵深发展。

第三章　新时代网络综合治理体系的实践创新

网络治理需要强有力的理论作为支撑，而我国网络空间治理的探索和创新，极大地丰富了网络综合治理的理论内涵，促进了我国网络综合治理体系的逐步完善。新时代我国网络综合治理体系建设更是一项系统工程，需要党委、政府、企业、社会和网民多主体勠力同心，才能共同营造出清朗的网络空间。除此之外，我国网络综合治理应采取长期策略，以赢得网络空间的安全与持久发展。

第一节　我国网络综合治理实践中的探索与创新

建设网络综合治理体系是一项社会系统工程，需由多方主体一起协同参与，综合运用法律、经济、技术等多种手段，对网络内容、网络环境、网络主体行为及相互关系等进行综合管理。

事实上，我国的网络空间治理一直都在探索和创新，持续推进网络基础设施升级，不断优化网络环境；加快法治网络建设，明确各方责任和义务；

鼓励企业、社会组织和公民广泛参与网络治理；加强网络文化建设，培育积极健康的网络社会观念。这些举措都进一步彰显了我国网络综合治理的理论内涵，确保了国家的网络安全，促进了网络的健康发展。

一、网络综合治理体系的理论基础

网络综合治理体系指的是党委、政府、社会组织、互联网企业、媒体、公众等多主体通过多种手段协同管理形成的复杂网络生态系统，具有政府主导实体的多样性、实体之间的平等与协作、治理过程中的权威性以及治理动态的整体有效性等特征。它综合协调了体系、组织、技术、资源和模式等诸要素，体现了治理目标的正面导向。

事实上，网络综合治理体系的建立并非凭空而来的，其理论基础来源于层化分权、多元合作、协商治理和底线公平理论。

（一）层化分权理论

对网络综合治理体系层级的认识存在不同观点。劳拉·德拉迪斯（Laura Denardis）在《互联网治理全球博弈》（*The Global War for Internet Governance*）一书中将网络综合治理体系分为资源控制、网络接入、安全者设定、信息流动和知识产权保护五个层级。[①] 国内学者有的将其进一步延伸技术层、数据层和行为体。有的学者认为只有政府、网络平台和个体用户三层结构。还有观点认为，网络治理体系不应过于复杂化，应聚焦于互联网企业、政府和公民三个主要行为体之间的互动关系。企业负第一责任，政府提供公共服务，公民满足个人需求，三者相互制约、相互促进。

① 劳拉·德拉迪斯:《互联网治理全球博弈》，覃庆玲译，中国人民大学出版社，2017，第17页。

其实，网络治理体系的层级划分应简明扼要，不必过度细化，要突出主要行为主体及其权责。但也不能过于简单化，需兼顾网络治理的技术基础等方面。在操作层面，还是应关注不同层级之间的相互作用，共同推进网络治理体系建设。

（二）多元合作理论

多元合作理论的代表是美国约翰·霍普金斯大学的莱斯特·萨拉蒙（Lester Salamon），他的“新治理”理论主张网络安全治理组织架构的扁平化、决策程序的民主化和治理权威的去中心化，这对网络综合治理体系有重要启示。首先，强调组织架构的扁平化。网络安全治理不应过于官僚化，而应实现跨部门、跨层级的广泛协作。打破垂直管理的壁垒，实现平台开放和资源共享，这有利于提高治理效率和创新能力。其次，决策过程应更加民主化。网络治理政策制定要广泛吸收社会各方意见，特别是受影响公众和利益相关方的意见，这可以增强政策的可接受性与可操作性。在具体执行中也应注重公众参与，形成广泛共识。最后，治理权威应逐步去中心化。这不仅不否定国家的主导作用，还强调了地方政府、企业和社会组织的自主权和决定权。从全能的权威中心走向权力下放和社会共治，这有利于激发民众创造性和增加满足感。

“新治理”理论为网络治理体系改革提供了理论基础。推动组织架构扁平化可以增强协同性，决策过程民主化可以提高可操作性，治理权威逐步去中心化可以激发创新性。这些理念与我国推进“共建共治共享”的网络治理理念不谋而合。

（三）协商治理理论

协商治理是詹姆斯·费伦（James Phelan）提出的，他关注协商治理在网络空间的运用。他认为，协商治理机制可以有效地增加网络主体的理性，缓解网络社会中的各种冲突，最终实现网络主体自由。

首先，协商治理可以增进网络主体理性。在网络空间中，个人用户、企业、社会组织处于直接互动之中，理性状况直接影响网络秩序。协商治理强调平等对话、互相理解，这有助于纠正网络主体的偏见，形成共识，发扬合作精神，增加理性。

其次，协商治理有利于缓解网络社会冲突。网络空间中潜存着种种差异化的利益诉求和价值观念，这不可避免地会产生各种冲突。协商治理以协商一致为目标，能够在保障各方基本利益的基础上达成妥协，化解矛盾。这比单纯的权力命令更能取得民心。

最后，协商治理可以实现网络主体更大自由。依靠强制措施未必能根除网络潜规则和各种违规行为，反而会损害个人自由。协商治理可以通过沟通协调让网络主体自觉遵守规则，这是自由的一种更高层次的体现。自由不是没有约束，而是理性遵守后自愿达成的约束。

协商治理为构建理性、稳定和自由的网络社会提供了重要思路。协调网络主体关系，化解冲突矛盾，实现更大网络自由，这是协商治理的治理智慧，也是构建社会理性的重要途径。

（四）底线公平理论

底线公平概念在网络治理中比较重要，它是指在全球网络空间治理过程中，应该根据互联网的基本状况和发展需求，划定一系列国际社会普遍认可的标准和规则。这些标准要确保世界各国在网络空间的基本权益和合理要求。

首先，应保护国家在网络主权方面的合法权益。任何国家的关键网络基础设施和重要数据资源都不应成为他国的攻击目标。这属于网络主权的底线和正确方向。

其次，应保障不同国家在数字经济领域的发展机会均等。譬如在网络贸易、电子商务、网络支付等领域，不应设置歧视性壁垒，各国企业和个人应享有公平竞争环境。

再次，应确保不同国家和地区人民掌握网络技术和享有信息获取的机会均衡。不应该利用技术手段或其他方式对特定国家实施网络隔离，这违反信息自由流动的原则。

最后，应共同维护跨国网络空间的安全与稳定。无论哪个国家的网络出现安全事件，都可能对全球网络产生影响。所以，所有国家都有责任合作应对网络威胁，这也是实现底线公平的条件。

网络治理视域下的底线公平，要在尊重网络主权、保障发展机会均等、推进技术应用均衡、共同应对网络威胁等方面达成国际共识。这不仅有利于缩小全球数字鸿沟，也是全球网络秩序构建的基石。

网络综合治理体系建设涉及多方面，需要借鉴多种理论和模式，层化分权、多元合作、协商共治和底线公平等理念对此具有重要意义。

层化分权理念可以为其提供组织架构，将国家、部门、行业和企业个人等不同层级纳入统一治理体系，明确各层级权限，实现全面覆盖。多元合作理念可以为网络治理提供动力源泉。网络治理需要政府、企业、社会组织和公民的广泛参与和密切合作，只有打破各方独角戏，形成协调联动，才能汇集社会各方资源，发挥最大治理效能。协商共治理念可以为网络治理提供路径选择。在具体政策和规则制定中，网络治理必须重视各相关方意见，通过真诚协商达成共识。只有在符合大多数人利益的基础上进行治理，才能稳定局面，化解矛盾。底线公平理念为网络治理提供基本方向。网络治理体系建设必须坚持基本公平，特别要维护数字鸿沟中弱势群体的权益。这需要制定各方普遍认可和遵守的规则，促进全社会共享网络发展机遇和成果。这四个理念相互配合，可以为我国构建系统完备、运转协调、权责清晰、高效公平的网络综合治理体系提供指导思想和基本框架。我国可以借鉴这些经验，结合自身国情，不断完善网络内容治理、网络安全治理、网络法治建设、网络文化治理等机制，推动网络治理体系更加成熟定型。总之，上述理念为我国网络综合治理体系的建设提供多角度思考，其中每一点都与其他理念相互依存、相互促进。只有各个方面并举，才能形成系统完备的网络治理架构，同时也能为全球网络治理贡献出中国方案。

二、网络综合治理的中国特色实践

我国网络空间治理的发展，是一个向综合治理不断迈进的过程。早在20世纪90年代，我国就开始探索互联网管理模式，建立国家网络信息办公室等管理机构，这标志着我国网络空间治理的开端。特别是党的十八大以来，中国共产党坚持以建设网络强国为目标，以信息化推进现代化建设。我们着力增强国家信息技术发展能力，提高信息技术应用水平，优化信息技术发展环境，走出了一条具有中国特色的网络综合治理之路。

（一）开拓性探索网络综合治理规律

网络治理涉及国家安全和经济社会稳定运行，是世界各国都面临的新挑战。在这样的背景下，如何准确把握信息化变革带来的机遇与挑战，开拓性探索网络治理规律，形成有中国特色的网络综合治理体系，就值得我们深思。

我国采取的网络综合治理方针是“用管并举、依法治网”，体现了我国政府对互联网的态度和管理方式。这一方针强调了对互联网的管理和治理，不仅是依靠政府的力量，也需要行业自律、技术保障、公众监督和社会教育等多方面的合作。同时，互联网治理需要依据法律法规进行，坚持依法管理，保障公民权利，维护社会秩序。这一方针的制定和贯彻，是为了保障互联网的健康发展，同时维护公民权利，促进社会稳定。

为了贯彻这一方针，我国采取了一系列措施来加强网络综合治理。例如，2011 年设立国家互联网信息办公室来统筹协调互联网信息内容管理工作，使互联网信息管理更加规范和有序。2016 年，中共中央办公厅、国务院办公厅印发《国家信息化发展战略纲要》，强调建立法律规范、行政监管、行业自律、技术保障、公众监督和社会教育相结合的网络治理体系。[①] 这些措施的实施，使我国的网络综合治理能力得到了不断提高，为促进互联网健康发展、保障国家网络安全、保护公民权益和维护社会秩序起到了积极的作用。

新一代信息技术的发展和应用领域越来越广，为社会治理带来的挑战也随之增加。在这种情况下，“齐抓共管、良性互动”就成了开拓性探索网络综合治理规律的又一个重要方面。

技术的不断创新和应用，个体化行动和场景化行动也开始变得越来越常见，技术的社会化创新与应用，也使得技术与规则迭代的异步性成为治理面对的困境。因此，我们需要不断推进理论和实践的创新。在强化政府监管职责的同时，压实互联网企业主体责任，将现有的法律法规延伸适用到网络空

① 新华社：《中共中央办公厅 国务院办公厅印发〈国家信息化发展战略纲要〉》，https://www.gov.cn/zhengce/2016-07/27/content_5095336.htm，访问日期：2023 年 8 月 1 日。

间。只有这样，才能整体提升国家网络安全水平。

在这一过程中，政府监管和企业主体责任同等重要。因此，企业就需要承担起自身的主体责任，不断提升自身的安全水平和规范管理能力，从源头上保障网络安全。同时，政府和企业之间需要建立密切协作和协调的关系，共同推动网络治理工作的开展。

（二）网络综合治理的创新实践

网络综合治理是我国推进国家治理体系和治理能力现代化的重要部署，也是维护民众安全，确保社会和谐稳定的有效路径。

党的十九大报告提出，“要加强互联网内容建设，建立网络综合治理体系，营造清朗的网络空间”。习近平总书记在全国网络安全和信息化工作会议上强调：“要提高网络综合治理能力，形成党委领导、政府管理、企业履责、社会监督、网民自律等多主体参与，经济、法律、技术等多种手段相结合的综合治网格局。”[①] 这一方针得到了党和政府的高度重视，不断进行探索和实践。

2019 年 7 月，中央全面深化改革委员会第九次会议提出，要坚持系统性谋划、综合性治理、体系化推进，逐步建立起涵盖领导管理、正能量传播、内容管控、社会协同、网络法治、技术治网等各方面的网络综合治理体系。[②]2019 年 10 月，党的十九届四中全会再次强调了建立健全网络综合治理体系的重要性，要求加强和创新互联网内容建设，落实互联网企业信息管理主体责任，全面提高网络治理能力，营造清朗的网络空间。

---

① 人民日报：《以创新理念提高网络综合治理能力》，http://www.cac.gov.cn/2020-03/11/c_1585473200114875.htm?from=timeline，访问日期：2023 年 8 月 1 日。

② 中国社会科学网：《加快网络综合治理体系建设》，https://www.scimall.org.cn/article/detail?id=390802，访问日期：2023 年 8 月 1 日。

随着这些指导思想的不断明确和完善，网络综合治理体系也得到了进一步的丰富和完善。多主体参与、多种手段相结合的综合治网格局逐渐形成。政府、企业、社会各个主体都在积极参与网络综合治理，共同维护网络空间的安全和稳定。同时，网络综合治理体系也从领导管理、正能量传播、内容管控、社会协同、网络法治、技术治网等方面逐步建立，实现了全面覆盖。

在网络综合治理中，领导管理、正能量传播、内容管控、社会协同、网络法治和技术治网等方面的综合治理手段都是不可或缺的。只有更多主体参与、多种手段相结合，才能够实现网络空间的清朗和安全。因此，我国一直在不断加强网络综合治理体系的建设，推广科学、有效的治理手段，保障网络空间的安全和稳定，同时注重构建综合治网格局。

企业的网络平台作为其信息内容聚合与流散中心，在企业中承担着“守门人”的角色。多元化参与、协同共治的治理结构，积极参与网络综合治理等，在新时代的今天也逐渐成为目前企业的特点。网络综合治理体系强调以互联网思维与系统思维重新审视政府、企业、社会和网民等主体在网络治理中的功能和作用。

加强对网络内容的监管和过滤，防止网络谣言和虚假信息的传播，维护网络空间的安全和稳定，积极参与网络综合治理，形成多元参与、协同共治的治理结构。这样才能够最终实现网络空间的清朗和安全。

作为互联网平台企业，首先需要正确认识到自己在网络综合治理中的重要性，同时应在相关政策的指导下积极参与网络治理，发挥自身的优势和作用。为政府、社会和网民等主体做出榜样，发挥应有的作用，进而形成多元参与、协同共治的治理局面。

（三）我国网络综合治理能力得到提升

作为一个具有中国特色的社会主义国家，我国在网络治理方式上，一直坚持系统规划和有序推进，同时还兼顾国家安全、经济发展和社会稳定。这不仅实现了在网络空间内的秩序和稳定，而且也为其他国家在平等和独立的基础上发展和治理互联网空间提供了思路。

1. 将政府管理作为网络综合治理的核心

在网络时代，网络综合治理已经成了维护社会安全稳定和促进经济发展的重要手段。为了进一步加强网络综合治理工作，我国政府采取了一系列措施来推动、建立和完善网络综合治理协同机制。

为了落实网络意识形态工作责任制和网络安全工作责任制，政府进一步压实了各级党委（党组）主体责任。这包括将网络综合治理工作纳入党委议事日程，加强对网络综合治理的领导和指导。政府还需要着力提升监管、服务和保障能力，构建网络综合治理协同机制，推动政府、社会、企业和个人的高效协同。这样可以发挥各方的优势，形成合力，更好地维护网络空间的安全和稳定。同时，政府还需要进一步完善属地管理责任，创新属地管理模式，补齐市县两级网信部门队伍建设短板。这样可以更加有效地推进网络综合治理工作，实现网络空间的清朗和安全。

2. 坚持传播正能量的总体要求

在网络综合治理的实践中表明，正确的政治方向、舆论导向和价值取向都非常重要。大力推动网上正面宣传和舆论引导，培育和践行社会主义核心价值观，加强网络文明建设，提高舆论引导能力，是我们国家目前一直在做的事情。

为了做好网上正面宣传和舆论引导，我国积极探索新技术和新应用。这包括利用大数据、人工智能等新技术，开展分众化、差异化和个性化传播。

政府利用这些技术，可以更好地了解公众的需求和兴趣爱好，有针对性地进行宣传和引导。用主流价值导向驾驭算法，来精准地引导公众接受正确的政治方向、舆论导向和价值取向。

同时，我国还一直在积极培育和践行社会主义核心价值观，不断深化和加强网络文明建设。通过举办主题宣传活动、开展网络文明评选、引导公众践行等方式，来推动网上文明的行为和言论。还建立了健全的网络道德评价和监管机制，以加强对网络文明建设的监督和管理。

3. 实施网络综合治理必须管控内容

数字化时代，内容管控已经成为当前维护网络安全和社会稳定的重要任务。我国在这方面也采取了一系列的措施，不仅建立了健全的网上内容风险防范管控机制，还加强了对传统媒体和新兴媒体的管控，推动了网络综合治理的转型升级。

为了建立健全的网上内容风险防范管控机制，政府也加强了对互联网企业的管理。其中包括压实互联网企业主体责任，加强对其进行监督和管理。同时还注重推动网络治理从事后管理向过程管理、多头管理向协同治理转变，进一步实现线上线下一体化治理与网上风险的闭环管控，从而维护了网络空间的安全和稳定。

同时，在网络空间的优化中，我国坚持以党为中心，统一标准、统一认识，对传统媒体和新兴媒体均实行一个标准化、一体化管理，正确把握引导网络媒体的导向，坚持以实际、正确报道为准则，推动网络媒体的健康发展，致力于加强对社交媒体的管理，严防虚假、有害信息的肆意传播，进而实现全社会的稳定和对公共利益的维护。

4. 将社会协同作为网络综合治理的基础

在网络时代，网络综合治理体系的建设已经成了维护社会安全和促进经济发展的重要任务，而社会协同则是构建网络综合治理体系的重要手段。社会协同是在社会分工的基础上，通过各类网络社会组织和广大网民的共同努力，形成网上网下综合治理的合力，进而提升网络空间的文明程度和治理效果。

网络社会组织，也被称为网信领域社会组织，指的是那些在网信领域开展工作并在民政部门登记注册的社会团体、基金会和社会服务机构。这些组织在网络文化、网络公益、网络安全、网信经济等方面发挥着重要的作用。它们是新形势下出现的一种特殊的社会组织，以“网缘”为基础而形成。随着社会的不断发展，这类组织的数量也在逐渐增多。

一方面，我们可以通过网络社会组织，根据它们自身的特点充分发挥自身优势，整合资源，发挥社会化协同治理效应。从而加强网络社会组织之间的协同合作，形成合力，更好地推动网络综合治理工作。

另一方面，我们还可以通过网络社会组织，进一步加大对广大网民的教育和引导，从而提高网络素养，增强文明上网意识。让广大网民也自发增强自律意识，提高网络素养，积极参与到网络综合治理的工作中来。使得广大网民可以通过文明上网、理性上网等行为，为网络空间的健康发展和网络综合治理作出贡献。广大网民的积极参与同时还可以加强对网络内容的自主评价和监督，防止虚假信息和有害信息的传播，维护网络空间的健康和安全。

5. 将依法治理作为重要保障

网络空间的治理应以依法治理作为重要保障，从多个方面入手，确保网络空间的法治化、规范化、安全化。在这方面，我国已经基本形成了以网络安全法为基础、以行政法规为主体、以部门规章为支撑的网络综合治理制度体系。这种制度体系是为了维护网络安全和促进经济发展而建立的。要进一步完善制度体系，加强网络执法能力和水平，确保互联网能在法治轨道上健康运行。

在政府的网络执法能力和水平方面，我国注重突出重点，加强了对网络执法体系和能力的建设。这包括着力探索分业分层监管、联合联动执法新模式，建立健全互联网信息内容行政执法协调工作机制。这样可以更好地提升政府的网络执法能力和水平，加强对网络违法犯罪和有害信息的打击和管理。同时，执法机构需要提高执法效率和质量，确保公正、公平、公开，减少过度干预和侵犯用户权益的情况。

在网信工作特色方面，要立足网信部门的工作实际，统筹推进互联网领域党内法规与国家法律工作，厚植网信工作特色制度优势，维护好网络空间的安全和稳定。这样才可以更好地促进社会和经济的发展。

在数字化时代，技术的创新和掌握十分重要。因此我国在网络综合治理过程中十分注重借鉴敏捷治理理论，注重基于大数据和算法的动态式、预判式监管。同时也将技术治网设定为综合治理的关键。实践证明，这是一条行之有效的成功经验，贯穿整个网络综合治理全过程，应以技术对技术、以技术管技术，同时保持技术敏感性，跟进新技术发展，从而转变监管方式，为我国探索出一条全新的发展之路。

建立一个基于大数据和算法的监管体系，及时发现、反馈动态调整监管策略，也是技术治网的一个方面。实践中采用的预判式监管，就是通过数据分析和算法模型，预测可能出现的风险，提前制定相应的监管措施。这样可以更好地保护公民的隐私和个人信息安全，促进网络空间的可持续发展。

基于风险概率进行精准、有效的监管也是技术治网的一种手段。这包括建立风险评估体系，对不同类型的风险进行分类评估，制定相应的监管措施。并通过大数据分析和算法模型，实现对网络风险的快速识别和定位，能够及时采取措施，避免风险的扩散和蔓延。

三、网络综合治理的具体应对措施

网络综合治理体系的建构，是正确认识和把握社会信息化规律的特点，顺应互联网发展的趋势，推进国家治理体系和治理能力现代化的重要部署；是净化网络空间，形成良好网上舆论氛围，建设清朗健康网络生态的有力举措；是完善网络风险综合治理，维护公民安全尤其是隐私和信息安全，确保社会和谐稳定的有效路径。[①]

网络综合治理的具体应对措施，就是在法律法规、管理体制、技术手段、运行机制等方面运用系统思维，针对网络空间综合治理所涵盖的网络设施、网络平台、网络市场、网络数据、网络安全、网络技术、网络内容、网络社交和网络犯罪等诸多方面来加强治理。

（一）加强网络设施治理的措施

网络设施是网络空间的物理基础，加强网络设施治理对网络空间安全至关重要。要系统梳理网络设施管理机制的不足，推动法治建设、体制创新、技术进步和运行优化相结合，不断提高网络设施的可靠性与抵御风险的能力。

在新时代网络综合治理体系下，我们还应强化党的领导、完善网络综合治理体系、严格执法，压实平台主体责任、加强网络素养教育、提高手段集成能力与综合施策效能，坚决贯彻落实党中央关于网络治理的决策部署，构建包括领导管理在内的网络执法体制机制，运用多种手段和技术，提高网络治理的集成能力和综合施策效能，确保网络治理取得实效。支持广大网民敢于发声、善于发声、巧于发声，增强其对网络行为的鉴别和判断能力。

同时，还要进一步明确网络设施的管理主体、安全责任、技术标准以及

① 刘波、王力立:《关于构建新时代网络综合治理体系的几点思考》,《国家治理》2018 年第 38 期。

违法成本等，以法律形式严格规范网络设施的建设与运营。切实推进网络设施治理的职能转变，转变网络设施管理职能，由直接监管转为制度监督与行业指导。加大行业组织和企业的自律作用，发挥它们在制定管理标准、突发事件响应等方面的主导作用。加强对行业自律的监督和评估，不断提高行业能力。

在技术手段和运行管理方面，要加快推进网络设施安全防护技术创新与应用。要加大研发网络空间安全技术与产品的投入力度，提高网络设施的自动检测、威胁情报分析和应急处置能力。进一步优化网络设施的日常管理与应急处置机制。加强网络设施的安全性评估与漏洞扫描，定期开展网络空间防护体系演练。建立网络设施运行异常监测与处置预案，加快发现与响应网络事件的速度。推动网络设施运营商与互联网企业之间的信息共享，从而提高管理效能。

（二）维护网络市场规范运转的措施

网络市场作为新兴的经济形态，其规范运转对国计民生至关重要。这需要系统优化现行网络市场管理体系，推进电子商务法治建设、管理体制创新、技术创新应用和运行机制健全。这需要在政府引导下的多方协同，才能实现网络交易规范化与网络市场持续健康发展。加强网络市场治理需要在实践中不断探索，逐步形成全面提高治理水平与效能的工作合力。

第一，在法律法规方面，要进一步健全网络市场的法治保障。出台更加系统和规范的电子商务法律法规，明确电商平台企业与商户之间的义务，提高违规成本，保护消费者权益。通过立法严格规范网络交易行为，打击网络欺诈、假冒等违法犯罪活动。确保各项规定能够紧密跟上网络技术和市场发展的步伐。同时，这些法律法规应该清晰明确，能够为各方提供明确的指导和规范。

第二，在管理体系方面，要优化网络市场综合治理格局。充分发挥行业组织在制定管理标准、行业自律方面的重要作用。电商平台企业要承担起加强内部管理的主体责任。逐步转变政府部门的管理职能，实现由直接监管向监督指导转变，加大评估和监察力度，推动网络市场治理体系不断完善。

第三，在技术应用方面，要深入推进网络市场智能化管理。加快推动大数据、人工智能和区块链等技术在电商交易监测、网络欺诈识别和消费者权益保护等领域的创新与应用，不断促进网络市场管理的智能化与提高精准化水平。

第四，在运行机制方面，要健全网络市场异常运营监测与快速响应机制。电商平台企业要加强对网络交易与商户行为的实时监测，加快识别异常情况的效率并立即处置。政府管理部门也需加快应急响应速度，在发生重大网络事件时要及时处置与公布信息。管理部门与电商平台企业实现信息共享与密切配合。

（三）维护网络平台规范运营的措施

目前，国内的网络平台数量非常庞大，涵盖了各个领域和行业。这些平台包括但不限于社交媒体、电商、在线教育、共享经济、金融科技、企业服务等。由于网络平台的定义和范围可能因不同的标准而有所差异，因此很难给出一个确切的数字。

以社交媒体为例，国内知名的平台有微信、微博、抖音、快手、B 站等。在电商领域，有阿里巴巴、京东、拼多多、唯品会等。在线教育方面有学而思、腾讯课堂、网易云课堂等。共享经济领域则有滴滴、美团、共享单车等。金融科技领域有蚂蚁金服、京东数科、陆金所等。企业服务领域则涵盖了各种 SaaS 工具、CRM 系统、项目管理工具等。

这些平台在各自的领域内都有着广泛的影响力和用户群体，快速推动着中国数字经济的快速发展。由于网络技术的不断进步和市场需求的不断变化，新的网络平台也在不断涌现和发展。因此，国内网络平台的数量是一个动态变化的过程，很难给出一个具体的数字。

随着现在网络平台的逐渐增多，其规范运营对社会的稳定与发展就显得尤为重要。如何进一步优化和加强网络平台治理，就需要我们在法治轨道上，推动管理制度创新、治理技术创新与运营机制完善方面，进行不断探索与总结，逐步形成系统有效的提升治理方案。

首先，网络平台应制定明确的规章制度，包括用户注册、信息发布、内容审核、违规处理等方面，以确保用户在使用平台时能够遵守相关规定。对用户发布的内容进行审核，确保发布的信息符合法律法规和平台规定。对于违规内容，应及时删除并处理相关责任人。通过教育、引导等方式提高用户素质，使用户能够自觉遵守平台规定，不发布违规内容，不参与恶意行为。建立举报机制，鼓励用户积极举报违规行为，并对举报者进行保护和奖励。其次，采用先进的技术手段，对违规内容进行自动识别和过滤，从而提高平台的安全与稳定性。社会各界应建立行之有效的合作机制，共同打击网络违法犯罪行为，维护网络空间的秩序。

（四）维护网络数据安全可靠的措施

网络数据作为支撑社会数字化转型的关键要素，其安全可靠至关重要。2019 年，工业互联网和数据安全高峰论坛上，中国电信集团有限公司网络和信息安全管理部副总经理张侃表示：“数据作为数字经济的核心生产要素，已成为国家基础战略资源，数据确权、数据质量、数据安全、隐私保护、流通管控、共享开放等问题也日益受到高度关注。”[①] 加强网络数据质量管理，需要在依法治网进程中，建立与完善法律法规、优化体制构建、创新与运用技术手段、健全运营机制。

第一，在法律法规方面，要进一步健全网络数据质量管理的法治体系。制定更加系统和规范的法律法规，明确网络平台企业与其他组织机构在数据收集、存储、使用与删除等环节应承担的责任，严格规范数据运用行为，保护用户权益，为数据质量管理提供更加坚实的法治基础。

第二，在体制构建方面，要优化网络数据质量管理的组织体系。充分发挥行业组织在制定数据管理标准、开展行业自律方面的重要作用。相关政府部门要转变监管方式，实行分级分类监管，加大评估、指导与监督力度。网络平台企业要履行数据管理的主体责任，加强数据来源审核、使用管制与质量把控。

第三，在技术手段方面，要加快推进网络数据质量管理技术创新与运用。要大力推进人工智能等技术在数据来源审核、数据使用监测与数据质量评估等环节的研发与应用。加强对新技术在网络数据管理中的创新运用，促进技术进步与管理能力提升。

第四，在运行机制方面，要健全网络数据异常监测与快速处置机制。加强对数据来源、存储、使用与传播的实时监测，及时处置已发现的问题。相关管理部门也应建立数据安全事件的应急响应机制，在发生数据泄露等事件时快速响应。

① 工联网:《中国电信：数据安全在数字化转型中至关重要》，http://www.cww.net.cn/article?from=timeline&id=491958&isappinstalled=0，访问日期：2023 年 8 月 1 日。

（五）加强网络安全治理的措施

网络安全是指网络系统的硬件、软件及其系统中的数据受到保护，不因偶然的或者恶意的原因而遭到破坏、更改、泄露，系统连续可靠正常地运行，网络服务不中断。

网络安全从其本质上来讲就是网络上的信息安全。从广义来说，凡是涉及网络上信息的保密性、完整性、可用性、真实性和可控性的相关技术和理论都是网络安全的研究领域。网络安全的具体含义会随着“角度”的变化而变化。对普通用户来说，他们希望个人信息、隐私和网络交易等得到保护，避免受到网络诈骗、恶意软件的攻击等。

网络安全是一门涉及计算机科学、网络技术、通信技术、密码技术、信息安全技术、应用数学、数论、信息论等多种学科的综合性学科。网络安全问题不仅涉及技术问题，也涉及管理、法律、社会等多个方面。

如何加强网络安全治理，这就需要综合应用法律、技术、教育和国际合作等手段来共同实现和完成。除了加强对网络安全人才的培养和教育、开展相应的安全培训、宣传活动，还要加强对个人信息的收集和利用及监管。于此同时，我们的重点还主要集中在提升技术防护能力方面，其中包括加强密码学、网络流量分析、入侵检测、漏洞挖掘等关键技术的研究和应用。因为只有不断加强和提升网络安全技术研发和创新，才是网络安全防护的根本和较为有效的手段。

（六）维护网络技术安全稳定的措施

网络技术安全主要指的是保障网络系统硬件、软件、数据及其服务的安全而采取的信息安全技术。这包括了防范已知和可能的攻击行为对网络的渗透，防止对网络资源的非授权使用，保护两个或两个以上网络的安全互联和数据安全交换，以及监控和管理网络运行状态和运行过程安全等。

网络安全技术的具体措施主要包括以下几个方面。

第一，利用防火墙、实体认证、访问控制、安全隔离、网络病毒与垃圾信息防范、恶意攻击防范等技术，防范已知和可能的攻击行为对网络的渗透，防止对网络资源的非授权使用。

第二，使用虚拟专用网（VPN）、安全路由器等技术，保护两个或两个以上网络的安全互联和数据安全交换。

第三，开展系统脆弱性检测、安全态势感知、数据分析过滤、攻击检测与报警、审计与追踪、网络取证、决策响应等技术，运用到监控和管理网络运行状态和运行过程中。

第四，用容灾与恢复、入侵容忍、网络生存等技术，在网络遭受攻击、发生故障或意外情况下及时作出反应，持续提供网络服务。

网络安全技术的目标是保护网络系统的机密性、完整性和可用性，防止或减轻由于网络攻击、误操作、系统故障等原因造成的损害。对于每个个体而言，信息和隐私得到了保证；对于企业而言，商业秘密不被侵犯或泄露，从而维护经济利益和社会效益。

同时，计算机网络的技术安全不仅是一个技术问题，也包括管理问题。技术和管理两者之间存在紧密的联系，相辅相成，缺一不可。因此，除了采用先进的安全技术外，还需要制定和实施严格的安全管理制度和措施，提高网络安全的整体防护能力。

（七）维护网络内容规范健康的措施

网络内容健康规范是指在网络平台上发布、传播和共享的内容应该符合一定的道德、法律和公共秩序标准，不得含有危害社会公德、侵犯他人权益、误导公众、破坏社会稳定等不良影响的信息，是网络空间的重要组成部分。

具体来说，网络内容健康规范应该包含以下内容。

不得发布、传播含有淫秽、色情、赌博、暴力、凶杀、恐怖或者教唆犯罪的信息；不得发布、传播虚假信息，误导公众；不得发布、传播侵犯他人权益的信息，包括侵犯他人隐私、知识产权、名誉权等；不得发布、传播违反法律法规的信息，包括违法犯罪、违法违规经营等内容。

这些内容不仅会对他人造成心理上的伤害，破坏社会稳定，甚至可能引发相应的犯罪行为。而虚假信息可能会导致公众对事实的认知产生偏差，从而对社会造成不良影响。还会对他人的合法权益造成损害，破坏网络空间的公平和正义。同时，这些信息可能也违反国家的法律法规，对社会造成危害。

通过在实践中不断探索，不断优化网络内容治理的组织体系，规范内容生产与传播行为，提高内容的安全检测等技术在网络信息监测、不良内容识别与处置等方面的应用，加强对信息内容的实时监测这些方式来进一步规避和规范网络内容，使网络空间得到净化和升华。

（八）维护网络社交规范运营的措施

在当下信息网络已经逐步成为未来社会的神经系统，网络社交也成为人与人之间沟通的普遍存在方式，关系网络化进一步拉近了人类社会交往的距离，在网上各种社会化的网络软件，以及社交网络服务平台开始兴起。最初网络社交的起点是电子邮件，经历了从电子邮件到即时通信（IM）和博客（Blog）的不断演化过程，最终实现了信息发布节点的个体意识凸显、交流方式的即时化和交流空间的延伸拓展。

网络社交与现实社交有很多共同之处但同时也存在一定区别，比如网络社交既可以是以熟人为基础的交往，同时也可以实现两个陌生人之间的互动。

随着网络社交把其范围拓展到移动手机平台领域后，人们借助手机的普遍性和无线网络的应用，利用各种交友、即时通讯、邮件收发器等软件，使手机成为新的社交网络的载体。

虽然网络社交有其便利性和高效性，但真正了解一个人还是需要在现实中接触，因为人与人之间的信息沟通中，语气、情感、态度、肢体语言等非语言信号占据了很大比例。

规范网络社交需要我们每个人共同的努力。只有大家共同维护网络环境的健康和安全，才能让网络社交成为真正有益于人们生活的工具。在网络上，我们尽可能保持真实和可信。不使用虚假信息或匿名身份进行欺诈或误导他人。诚实和守信是建立健康网络社交关系的基础。同时，网络社交也应该遵循基本的社交礼仪，尊重他人的观点、隐私和权利。避免发表攻击性、侮辱性或恶意的言论，不滥用他人的时间和资源，不侵犯他人的知识产权和隐私权。要谨慎对待网络上的信息，不轻易相信未经证实的消息，不传播未经证实的谣言。保护自己的账户和密码，不轻易透露给他人，以防各种网络诈骗和网络攻击。只有我们一起共同来维护，才能让大家有一个良好的网络社交环境。

（九）加强网络犯罪治理的措施

网络犯罪是指行为人运用计算机技术，借助于网络对其系统或信息进行攻击、破坏或利用网络进行其他犯罪的总称。网络犯罪的本质特征是危害网络及其信息的安全与秩序。

网络犯罪的基本类型有两种：针对网络的犯罪和网络扶持的犯罪。其中，针对网络的犯罪的表现形式有网络窃密、制作传播网络病毒、高技术侵害、高技术污染等；网络扶持的犯罪的主要表现形式有网上盗窃、网上诈骗、网上色情、网上赌博、网上洗钱、网上教唆或传播犯罪方法等。此外，网络犯罪还有网上侵犯知识产权、侵犯隐私权、网上恐吓、网上报复、网上监听等多种形式。

而网络犯罪的特点也区别于其他犯罪。首先，网络犯罪的主体较为多元化和年轻化；其次，网络犯罪的方式也相对智能化和专业化。其犯罪对象广泛、犯罪手法多样，其互动性、隐蔽性往往高于普通犯罪，这也使得网络犯罪案件办理难度系数高于一般犯罪案件。

随着计算机技术和网络的普及，网络犯罪的实施者可能来自各种职业、年龄和身份背景。

这些人往往利用高技术手段，如黑客攻击、病毒传播等，进行智能化、专业化的犯罪活动。

犯罪的对象可能包括个人信息、企业数据、国家机密等，具有广泛的范围。而且，网络犯罪的证据往往以电子数据的形式存在，具有易修改、易删除等特点，因此证据的收集和固定变得更加困难。这也使得犯罪行为难以被及时发现和追踪，增加了案件的侦破、调查和审判难度。当我们了解了这些网络犯罪的主要特点，就可以有效地预防和打击网络犯罪。同时，对于网络犯罪的打击还需要全球范围内的通力合作和努力，以应对这一日益严重的全球性问题。

为了更好地应对网络犯罪，加强网络空间的治理刻不容缓，必须在法治轨道上推动制度创新、技术创新与运营机制优化。结合技术、理论与实际，在实践中不断探索，不断强化网络犯罪防范意识，提高对网络犯罪的打击能力，切实保障网络空间安全，实现预想的治理效果。

第二节　新时代网络治理主体的作用与创新措施

新时代我国网络综合治理体系，需要从“治理主体”和“治理方式”两个方面同步进行。如果说上一节“网络综合治理的具体应对措施”讲的是治理方式，那么这一节将主要阐释治理主体，即党委、政府、企业、社会和网民及其发挥的作用。在我国网络综合治理实践中，需要各治理主体在网络设施、网络平台、网络市场、网络数据、网络安全、网络技术、网络内容、网络社交、网络犯罪等各个方面采取具体措施，并且要密切配合，形成统一的网络空间治理体系。实践证明，只有充分发挥各治理主体的作用，才能全面系统地推进我国网络综合治理工作，促进我国网络空间的健康和可持续发展。

一、党委：充分发挥领导作用

在新时代我国网络综合治理体系建设过程中，充分发挥党委的领导作用至关重要。党委要做好网络综合治理的“顶层设计”，勾勒网络强国的战略图谱，阐述网络发展的基本理念，规定网络行动的表达边界。要以社会主义核心价值观为导向，做好价值宣传、思想引领和舆论引导工作，努力营造风清气正的网络空间。具体来说，要从思想、部署、资源、监督和宣传等方面全方位发力，才能起到较为良好的作用。

（一）党委在思想层面要发挥的领导作用

在思想上，党委要高度重视网络治理体系建设，将其摆在突出位置，使其成为全面建设社会主义现代化国家的重要内容。

党委要深刻认识网络空间的重要性和网络治理的紧迫性。要看到我国网络强国战略实施的重大意义，网络治理体系建设事关国家安全和社会稳定。这需要各级党委高度重视，真正将其作为重点工作来落实。

党委要明确网络治理体系建设的主体责任，将其纳入各级党委和政府职责范畴。要求各部门高度重视，落实网络治理职责，特别要厘清党政部门、企业、社会组织等在网络治理中的责任，确保各司其职、无缝衔接。

在推进理念更新方面，党委要以习近平新时代中国特色社会主义思想为指导，不断推进网络治理的理念更新。既要促进权力理性和规则理性，又要弘扬核心价值理性，带领并引导广大网民树立合作共治的理念，加强对网民的引导宣传，使其牢固树立正确的网络空间观，并进一步明确网络空间的治理方向。

党委要在思想理论上为网络治理体系建设制定清晰的行动导向，从实际出发，积极引导，使各区域各部门在网络治理行动中，不仅能够充分发挥出各自的优势，同时还可以最终达到行动的统一。与此同时，还要确立人民至上的评估导向，以人民对美好生活的向往为行动指南，通过推动网络治理，来不断满足人民日益增长的美好生活需要。

（二）党委在部署层面要发挥的领导作用

在部署上，除了要统一行动，党委还要加强统筹协调，形成工作机制，分类施策，推动各项工作扎实落地。充分发挥党委的领导作用，这也是推进网络治理体系建设的重要一环。

党委在部署层面上不仅要统一思想和统一规划。还要在研究部署网络治理体系建设总体方案上，统一认识，明确工作重点。一切要按照党中央和国务院的决策部署，结合本地区的实际，研究制定出符合本地具体情况的网络治理方案。在统筹网络内容治理、网络安全防范、网络技术创新、网络法治建设、网络文化建设等各方面。既要突出重点，又要综合施策。不仅能统筹协调各部门职责，还要确保能各司其职、相互配合。

在工作中，要尽快形成良好的工作机制，建立网络治理工作联席会议机制和协调机制，以便研究、解决在网络治理体系建设中，可能遇到或出现的突发情况和重大问题。要定期召开工作会议，确保落实工作任务，检查工作进展，及时调整、优化工作方案。

党委针对不同网络空间实施差异化治理策略，如针对社交网络、电商平台、视频网站等分别制定具体治理方案。同时还要因地制宜，结合不同地区网络空间的发展情况制定本地化治理策略。

党委要充分发挥领导作用，督促各部门本着高度负责的态度，抓好并尽快落实党中央和国务院的相关决策和部署，确保推动在网络治理体系建设中，各项工作能够扎扎实实开展起来。要以问题为导向，突出重点难点，真抓实干，一以贯之，进而推动工作的不断深入和开展。

（三）党委在资源层面要发挥的领导作用

在网络空间治理中，党委在资源层面充分发挥着重要和积极的领导作用。在党委的领导和带领下要制定出合理的空间治理战略和政策，同时还要组织协调相应的网络空间治理资源，进一步加强网络安全保障、推进网络空间法治化建设、加强和促进网络空间经济和社会的发展。

党委需要制定符合国家利益和人民利益的网络空间治理战略和政策，明确网络空间治理的目标、原则、任务和措施，为网络空间治理提供指导和保障，还需要组织协调各方面的资源，包括政府、企业、社会组织、技术专家等，形成合力，共同推进网络空间治理工作，进而加强对网络安全的保障工作，完善网络安全法律法规体系，加强网络安全技术研发和应用，提高网络安全防护能力，确保网络空间的安全稳定。在推进网络空间法治化建设，完善网络空间法律体系，加强网络空间执法和司法工作，维护网络空间秩序和公平正义方面，党委也起着主导作用。这对促进网络空间经济和社会发展，推动网络空间与经济社会深度融合，提高网络空间对经济社会发展的支撑作用，为人民群众提供更加便捷、高效、安全的网络服务提供了有力保障。

总之，在网络空间治理中，党委所发挥的作用是不可替代的，战略和政策的制定，以及组织协调资源和加强安全保障和法治化建设，都离不开党委的指导和支持。无论是人力资源、经费投入、技术支持、物质保障还是集成社会资源等方面，都要依托党委来广泛动员和组织。

（四）党委在监督层面要发挥的领导作用

在网络治理体系建设监督上，党委需建立合理的网络治理体系和考核建设机制，定期检查工作进展，及时发现并纠正有可能出现或已经出现的问题。

第一，充分发挥党委的顶层设计和统筹协调能力，并牵头建立行之有效的考核机制，确保有效治理与分享福利之间的有机平衡。要研究制定网络治理体系，建设考核标准和评价体系，并纳入本地区政府各部门年度考核内容。要定期对网络治理工作情况进行评估和考核，并将考核结果与部门负责人的业绩和政绩挂钩。

第二，党委要定期听取有关部门和广大人民群众对网络内容治理、网络安全防范、网络技术创新、网络法治建设和网络文化建设等方面的工作汇报，全面了解网络治理工作的进展与情况。及时发现工作中存在的问题和不足，并积极作出部署，推动工作改进。

第三，党委要组织开展网络治理体系建设专项检查，实地查看相关工作的落实情况。要重点检查网络安全防护措施落实、网络内容管理情况、关键领域网络监测运行等，发现问题要及时反馈，并督促整改。

第四，党委要强化问责，对工作进度滞后的部门和地区，要进行严肃问责。对上报虚假情况或存在弄虚作假的行为或个人，要从严追究其责任。要以严厉问责的态度，促使各级部门和地区认真贯彻落实党中央和国务院的决策部署。

第五，党委要结合工作检查情况和各方反馈意见，对网络治理工作方案进行及时调整和优化。要因地制宜，针对不同区域网络空间的变化，制定本地化的治理举措，推动工作更加贴近实际。

（五）党委在宣传层面要发挥的领导作用

加强党对宣传思想工作的全面领导，是完成举旗帜、聚民心、育新人、兴文化、展形象等新形势下宣传思想工作使命任务的重要保障，对巩固马克思主义在意识形态领域的指导地位、巩固全党全国各族人民团结奋斗的共同思想基础至关重要。[①] 建设网络治理体系，党委要加大网络治理体系建设的宣传力度，加深全社会对其重要意义的认识。

党委要广泛宣传党中央和国务院关于网络强国战略和网络治理的重大决策部署，让全社会深刻理解网络治理工作的重大意义。要把思想和行动统一到党中央决策部署上来。

要发挥电视、广播、报刊等主流媒体在网络治理宣传中的重要作用。要

① 田文:《加强党对宣传思想工作的全面领导》,《光明日报》2018 年 9 月 3 日，第 3 版。

坚持正确导向，主动宣传网络治理的重大政策、工作进展和成效。要打破各级各部门的“天然藩篱”，加强工作协同，形成强大舆论合力。要运用新媒体平台广泛宣传本地区网络治理的成功案例和典型事迹。既要宣传主流媒体的供给侧改革成效，又要宣传各企业、公益组织和志愿者参与网络治理的先进事例。这可以引领教育导向并带动更多社会力量参与。同时，要发挥新媒体的组织动员作用，通过微博、微信和抖音等新兴媒体平台广泛宣传国家和地方的网络治理举措，鼓励更多人参与到相关工作中来。要营造推崇网络治理、支持网络强国的浓厚氛围。

重要的一点是，党委在宣传网络治理过程中，要注重弘扬社会主义核心价值观，传播科学发展观和人类共同价值观。要宣传时代楷模和普通人的先进事迹，在全社会营造崇尚奋斗、崇尚贡献的良好氛围。

二、政府：全面推进管理创新

新时代背景下，在我国网络综合治理主体格局的建构中，政府要结合目前情况以管理者的角色参与到治理体系创新中来。具体来说，在网络空间治理中，政府除了要在协同治理机制、管理体制、治理规则、监管手段、人才建设等方面进行创新，还要在宣传层面制定一系列的网络宣传策略，其中包含强化主流言论、引导网络舆论、加强网络文化建设、提升网络素养等；充分发挥宣传层面的领导作用，以正确的舆论引导人，以优秀的文化感染人，以高尚的精神塑造人；积极传播社会主义核心价值观，弘扬主旋律，传播正能量，强化主流言论的影响力。这不仅是国家赋予政府网络管理的权利，同时也是我国网络综合治理的有力支撑。

（一）政府在建立协同治理机制方面的创新

在建立协同治理机制方面，要在统一领导下，充分发挥市场主体作用，广泛发动社会力量，加强跨区域和国际合作，建立协同机制和工作机制，实现多方共治。

在协调方面，政府要带头建立部门和政企的双重协调机制。要在网络治理领导小组的统筹下，成立涉网部门网络治理工作协调机制，实现部门之间的信息共享、工作协同。要加强跨部门、跨层级的沟通协调。同时，建立政府与互联网企业的定期交流机制，推进信息共享与协同监管，发挥企业在网络治理中的主体作用。要鼓励平台企业制定自律管理制度，共同推进网络生态治理。

在网络治理体系建设中，社会力量是不可或缺的一部分。政府要依托社会组织和民间力量，建立政府与社会力量的协作网络，推动社会资源和基层力量广泛参与网络治理。要通过项目招标、购买服务等方式引入社会组织参与专业治理。

在加强跨地区协作方面，要建立省市区网络管理部门之间的工作联系机制，加强跨地区的信息共享与执法协查，联手解决跨区域网络问题。要推进网络管理标准化与规范化，促使各地政策尺度与监管水平朝着统一的方向发展。

另外，在国际合作方面，也要积极参与全球网络治理体系建设，推进网络空间国际规则制定。加强同主要国家和国际组织在网络安全、网络犯罪打击等方面的交流合作，实现信息共享和联合执法，共同应对网络领域的全球性问题。

（二）政府在管理体制方面的创新

在管理体制方面，政府要深化“放管服”改革，理顺管理体制，强化协同监管，实施分级管理，构建监管服务平台。转变管理方式和监管思维，由过去的事前控制向事中、事后监管转变，建立科学规范的体制机制。

对深化“放管服”改革，政府要减少不必要的行政审批和许可，简化审批流程，提高管理效率。推进部门监管权限下放和责任下沉，赋予基层组织更大自主权，发挥基层作用。

同时，要理顺管理体制并强化协同监管。厘清各类网络企业和网络活动的管理体制，区分行政管理和行业管理，避免监管重叠。推进部门机构改革，理顺网络管理责任，合并分散管理部门。协同监管方面，要发挥跨部门协调机制作用，在统一部署下加强沟通协作。健全责任制和奖惩机制，促进部门之间的信息共享与资源共享，实现协同监管。

实行分级管理是管理体制创新的重要举措。可以实行国家、省市、县区三级网络管理体制，三级管理分工明确。按照管理对象和管理重点分类施策，加强对关键信息系统和重要行业网站的管理，对一般网络服务实行放松管理。

另外，还要加快推进建立覆盖全国的电子证照监管平台。要建立网络服务质量评价体系和用户投诉平台，开展网络服务评价和监督。要推进“一窗受理”改革，提高政务服务效率。

（三）政府在治理规则方面的创新

在治理规则方面，要加快相关法规的制定与修订，强化规范性文件实施，推进标准化与规范化，完善企业自律机制，借鉴国外管理经验。建立科学规范的治理规则体系，引导网络空间各主体共同遵守管理秩序，助推构建网络强国新格局。

第一，紧跟互联网行业的发展趋势，及时修订《中华人民共和国数据安全法》《中华人民共和国个人信息保护法》《网络安全审查办法》等法律法规，为网络治理提供法治保障。同时制定相关法律法规来填补互联网领域存在的法律漏洞，以适应网络管理的新形势和新要求。

第二，加强规范性文件落实，研究制定网络内容管理规定、网络服务评估办法、网络企业社会责任指引等规范性文件，引导网络主体自觉遵守管理规则。加强督促检查，严肃处罚各类违反规定行为。

第三，推进标准化与规范化，按照统一部署，制定网络安全管理标准、网络行业管理标准、网络技术标准等。开展相关标准在全国范围内的实施，正确引导各地区及部门统一行动，实现管理标准的统一。

第四，完善自律管理制度，鼓励各大网络平台企业建立健全网络生态治理自律机制，制定行之有效的自律规则，采取技术手段和管理措施加强内容管理和信息监测。通过政府加强对自律机制建设的指导，提高企业的社会责任。

第五，借鉴国外先进管理经验，加快对外国网络管理法律法规和管理方式的研究，借鉴其科学合理内容。并积极参与和推动互联网管理国际规则制定，以及网络管理的国际交流，进一步提高我国网络管理水平。

（四）政府在监管手段方面的创新

在监管手段方面，采取运用新技术手段创新管理方式，推进智能化监管，实施分类施策，发展预警机制，推进在线治理。实现机器管理与人工管理的完美结合，在线管理与传统管理相互融入，提高管理效能，低成本实现精准有效的监管。

智能互联网时代，以通用人工智能为代表的技术加速更迭，并融合千行百业，驱动着新一轮产业和技术革命的发展。[①] 政府监管手段也从最初的被动适应变为主动适应。为了更好地参与人工智能应用和创新，推进开展智能化监管，就需要我们利用新技术开发网络爬虫、内容审核等人工智能系统，从而实现机器监测和自动审核。同时要建立网络安全等级保护制度，对不同网络实施差异化监管，并推进区块链等新技术在网络管理中的应用。同时还要建立网络安全预警系统，通过大数据分析识别网络隐患和存在的安全风险。定期发布网络安全预警信息，引导网络运营者采取防范和应急措施。建立合理的联动应急机制，从而提高网络突发事件应对能力。

同时，在监管中还需要进行分类施策，对不同网络领域和网络企业，分别实施差异化管理策略，运用不同的监管强度。对重点监管对象和关键信息及基础设施，采取更加严格的监管，对一般网络服务采取相对宽松的监管。建立网络企业信用评价制度，并对重点监管对象进行信用分类管理。

另外，积极推进在线治理，推广网络安全认证、网络服务评价等在线管理平台，实现网络管理全流程电子化。开发移动端 App，实现在线网络的实时监测和管理。简化举报方式和举报流程，鼓励广大网络用户以更为便捷的方式实现在线举报，并积极参与到网络管理工作中来。要推进企业信用评价、服务评价向在线管理阶段迁移。

（五）政府在人才建设方面的创新

网络综合治理主体格局的建构工作中，人才是一切工作的基石。所以，要加大网络人才的投入力度，提高领导干部和管理人员网络治理的能力。引进高技能人才，规范管理队伍建设，着重培养网络青年人才，就显得尤为重

① 叶蓁蓁:《开创研发应用新范式 探索“用 AI 治理 AI”—— 探讨智能互联网时代 AI 应用和治理之道》,《传媒》2023 年第 11 期。

要。要形成以政府为核心、企业为主体、科研单位牵头、高校参与的人才培养链条，从而打造建设出一支政治过硬、素质优良、业务精通的全新网络化管理人才队伍。具体可从以下几个方面入手。

第一，要提高领导干部网络素养。当今时代，互联网已经全面覆盖到了人民群众的工作和生活之中，已成为党和政府密切联系群众、服务群众、关心群众的重要纽带和桥梁。领导干部过不了网络关，就过不了时代关。[①] 加强领导干部网络安全、网络法治等方面的培训，增强其网络思维，提高网络管理能力也是当前必要任务。精选部分领导干部参加高端网络管理人才培养项目，使其尽快成长为网络管理领域的领导人才，就显得尤为迫切。

第二，优化、加强网络管理人才和青年网络人才的培养。需要从设立网络管理相关学位和提高认识层次等方面着手。首先，我们应进一步加强与高校之间的合作，共同搭建网络管理人才培养基地，同时选派管理人员参与各类专业系统的培训和进修，以不断提高管理层的业务水平和管理技能。其次，选择一部分合适的大学，设立与网络管理紧密相关的学科和专业，为对互联网治理感兴趣的同学提供系统的学习机会，从而为国家培养出既懂管理又懂技术的优秀专业人才。与此同时，我们还应定期选拔社会上的优秀青年，通过参与专业培训和岗位实践，让他们在网络专业技能上迅速成长，为未来的网络人才储备贡献力量。通过这样的综合措施，能够更好地培养和积累网络管理人才和青年网络人才，为网络综合治理的持续发展提供坚实的人才保障。

第三，引进高端人才。制定人才引进机制，提高薪资福利待遇，对于人工智能等领域的高技能人才要重点培养，重点保护。对具有海外学习或工作

---

① 张彦台:《领导干部要提高网络素养》，https://m.gmw.cn/baijia/2020-07/22/34017148.html，访问日期：2023 年 8 月 1 日。

经验的人才要重点关注，积极引进。从而全面实现网络管理人才的高端化，使我们队伍的眼界可以变得更宽，走得更远。同时更具有国际视野。

三、企业：大力提升履责水平

在网络空间治理建设过程中，企业提升自身履责水平至关重要。因为这不仅可以增强企业的社会责任感和信誉度，同时也能够提升企业自身的技术防范能力，确保在发生网络安全事件时能迅速、有效地应对。此外优质的网络服务、用户满意度和忠诚度也是企业发展的关键，对于树立企业形象，帮助企业提升在网络空间的地位，协助国家和政府维护网络空间的健康和安全显得尤为关键。

除此之外，在新时代我国网络综合治理体系建设过程中，企业还要树立强烈的网络社会责任意识，自觉维护网络的生态秩序，加强和完善自律意识，开展培训教育，履行信息共享义务，接受社会监督。这些措施均有助于企业尽快融入新时代我国网络综合治理的新格局之中，同时也将使企业成为推动新时代网络强国建设的一股重要力量。

（一）企业在加强自律意识方面的措施

在网络空间治理中，企业加强自律意识是确保行业健康发展和维护网络空间秩序的关键。首先，企业应明确自身的核心价值观和道德标准，并在内部建立自律机制，加强员工自律意识的培养。其次，还应该积极参与行业自律组织，如行业协会、自律联盟等。通过这些组织，企业可以与其他企业共同制定和执行行业自律标准，共同维护网络空间的秩序和安全。另外，企业应积极与社会各界进行沟通和合作，包括政府、用户、媒体等。通过与这些利益相关方的合作，企业可以更好地了解他们的需求和期望，从而更好地调整自身的行为，确保在网络空间治理中保持高度的自律性。

企业要深刻认识到网络安全是国家安全的重要组成部分，坚定网络安全发展理念，这是企业可持续发展的前提条件。要把维护网络安全作为企业的基本社会责任和重要战略任务来抓。同时，加强网络治理法律学习。企业要组织员工学习《中华人民共和国网络安全法》《中华人民共和国数据安全法》《中华人民共和国个人信息保护法》等法律法规，增强职工的法治意识和规范操作意识。要将这些法律法规的要求融入企业网络管理各个方面。同时，企业要开展网络安全和网络素养教育培训，引导全员形成务实严谨的网络行为习惯。要倡导积极健康的网络社交文化，防范企业平台被利用，进行信息渲染和舆论引导。

另外，企业要多学习、多借鉴行业中的优秀成功案例，密切关注最新网络管理政策动向，合法经营，避免盲目扩张，减少因管理不善而导致的网络突发事件的发生。

（二）企业在完善自律机制方面的措施

企业在完善自律机制方面，要加快完善公司治理自律机制，规范企业管理办法，建立内容审核机制和用户管理机制，加强与政府部门的信息共享，严格数据管理，主动接受社会监督。要把自律治理作为公司合规管理和运营管理的重要内容，不断提高自律能力，助推企业健康可持续发展。具体措施可以从以下几个方面展开。

第一，明确责任与义务。深入了解网络空间治理的法律法规和政策要求，确保企业行为符合相关规定。明确在网络空间治理中的责任和义务，其中包括保护用户信息安全、维护网络秩序等。

第二，加强内部管理与培训。建立完善的网络安全管理制度，确保企业网络空间治理工作的规范化、制度化。加强员工网络安全培训，提高员工的网络安全意识和技能水平。

第三，强化技术防范与应对。投入更多资源研发网络安全技术，提升企业自身的技术防范能力。建立健全网络安全事件应急预案，确保在发生网络安全事件时能够迅速、有效地应对。

第四，积极参与行业合作与共建。加强与同行业企业的沟通与合作，共同推动网络空间治理水平的提升。积极参与行业组织和政府部门的网络空间治理活动，为行业健康发展贡献力量。

第五，关注用户权益与需求。尊重用户隐私，保护用户信息安全，不泄露、滥用用户信息。关注用户需求，提供优质的网络服务，以此来提升用户的满意度和忠诚度。

第六，持续优化与改进。定期对企业在网络空间治理方面的工作进行评估和反思，发现问题及时改进。时刻关注网络空间治理的最新动态和趋势，持续优化和提升企业的履责水平。

（三）企业在开展培训方面的措施

企业的发展和壮大，离不开企业的自有文化，也离不开相应规章制度的约束，而内部培训就是实现传承文化和企业管理的重要途径之一。这不仅可以帮助员工增强网络安全意识、提升相应技能，同时也是保障企业和个人网络安全的必要手段。在网络空间治理中，企业开展培训首先应从网络安全意识和网络安全技能培训开始。可以通过案例分析、模拟演练等方式，让员工深刻了解网络攻击的危害和防范措施，让他们明白网络安全对于企业和个人有着怎样的重大影响，也让他们懂得其重要性。而安全技能的培训，可以让他们知道如何识别和避免网络钓鱼、如何保护好个人和企业信息、如何安全使用网络设备和软件等。这些技能可以帮助员工在日常工作中更好地防范网络攻击。

此外，安全管理制度培训和应急响应培训也是必不可少的。网络安全管理制度，包括密码管理、权限管理、数据备份等。这项培训一方面可以规范员工行为、降低安全风险，另一方面还能提高应急响应能力、促进团队之间的协作。而应急响应流程和方法的培训，可以让员工清楚地知道在发生网络安全事件时应该如何应对、如何报告安全事件、如何采取措施减轻损失、如何配合相关部门进行调查等。

这些培训，在企业中都具有重要的意义。一方面可以促进企业正常、快速地发展，另一方面也让企业在发展中规避掉了很多网络空间中所隐藏的风险，为企业的可持续发展起到了保驾护航的作用。

（四）企业在履行信息共享义务方面的措施

在履行信息共享义务方面，企业要强化与政府部门的信息共享，加强网络安全威胁情报共享，配合政府监管工作，推动建立标准信息接口，严格保护用户信息安全。要在保障自身业务安全的同时，加强与外部的协作，为构建严密的国家网络安全防护体系贡献自己的力量。

企业要与网络管理部门建立定期报告和突发事件报告制度，按照要求向网络管理部门报送网络安全运行情况，并在发生重大网络安全事件时及时报告，建立起政企信息共享机制。同时，要配合网络管理部门开展的检查监测、事件取证调查等工作，提供技术支持和相关数据接口，保障监管工作开展。建立政府部门主动调用企业网络安全数据的机制，满足网络监管需要。还要推动网络安全产品、平台之间标准化数据接口和信息共享接口的建立，便于与其他企业和政府部门实现互联互通和信息共享。推动建立行业内统一的网络安全事件分类标准，方便开展安全信息报告和交换。

除了与政府和相关部门展开积极合作，企业在行业内也要加强情报共享，尤其是威胁情报，因为在面对网络威胁时，很难有企业能够独善其身。所以，企业要积极参加行业组织等开展的网络威胁情报共享活动，与其他企业共享恶意软件、恶意域名、拖库账号等信息，提高自身安全防护能力。

在数字时代，个人信息保护涉及自然人的民事权益保护和互联网平台企业的数据活动自由关系之间的协调。结合互联网平台治理的现状，二者之间更应重视对个人信息权益的保护，落实重要互联网平台企业“守门人义务”。[①] 对用户个人信息，企业要按照法律法规要求严格保密，不得泄露或滥用。在相关部门出示法律手续的情况下，企业要配合提供用户信息，以协助部门开展执法调查和打击犯罪活动。

（五）企业在接受社会监督方面的措施

在接受社会监督方面，企业要主动配合社会各界的监督，融入社会监督于自身治理体系。建立用户举报机制，公布治理报告，接受媒体监督，支持第三方评估，倾听外部专家意见。这有助于企业实现自我检讨，不断提高治理水平与社会责任感，形成良性互动，维护社会网络生态秩序。

企业接受社会监督，应建立用户举报机制。企业要设立用户举报渠道，广泛接受社会公众对企业网络平台存在的问题和不良信息进行举报。及时评估和处置各类举报信息，回应社会关切，积极开展自我监督。

对于所建立的用户举报机制，企业要积极公布公司治理报告并接受媒体

① 闫海：《论重要互联网平台企业个人信息保护的企业合规制度体系——以个人信息保护法第 58 条为中心》，https://inds.cnki.net/knavi/conference/Detail/ZHKT_CPFD/SHFX202303002，访问日期：2023 年 8 月 1 日。

监督，定期发布网络安全治理和社会责任报告，主动公开公司治理体系建设情况、治理效能评估结果以及未来治理举措等信息。社会各界也可通过报告了解企业履责情况，提出意见建议。在媒体监督方面，要主动配合新闻媒体对其网络产品、服务和安全事件的监督报道。对媒体报道中指出的问题，要及时进行澄清和改进，并向社会公布整改措施与效果。

除上述内容，第三方评估也是至关重要的。企业要支持独立的安全组织对其网络产品、服务和治理体系进行评估，并将评估报告对外公开发布。因为第三方评估结果可以验证企业网络综合治理实际效能，并提出有针对性的改进意见。另外，企业可以将社会各界网络安全专家吸纳到公司治理的评估体系，通过开放日、用户访谈、焦点小组等方式来获取有效信息，听取外部专家和公众对公司治理工作的真实看法和意见建议。

四、社会：持续强化监督职能

在新时代国家网络治理体系建设过程中，社会各界要通过建立网络舆论监测机制、发挥用户举报作用、加强数据开放共享、发挥媒体监督作用等方式，持续强化并起到在网络治理工作中的监督作用。这些举措有助于推动政府和企业更加规范、公开、透明地开展工作。同时，还能不断提高网络的安全保障和管理水平。

（一）社会在建立网络舆情监督机制方面的措施

在建立网络舆情监督机制方面，社会各界可以通过联合组建专业监测机构，建立科学规范的指标监测体系，广泛采集网络数据，实施动态监测与深入分析并行，定期发布可操作性的监测报告等措施，来推动网络舆情监督机制不断趋于成熟与完善，使其变得更为专业，进而为我国网络空间治理提供强有力的支撑。

网络空间的治理需社会各界协同发力，要鼓励民间组织、行业协会、高校与研究机构等各方共同组建完成，并聘请具有新闻或传播专业背景的人员参与，用于开展系统的网络舆情监测与分析工作。在此基础上，建立起科学的网络舆情监测指标体系。时刻关注网络热点话题的产生与演变速度、范围、议程设置力度和价值取向等要素。区别分析不同类型网络信息的传播规律，使网络中存在的信息更为真实准确。

监测机构还要采集广泛的第一手数据，包括网络新闻报道、社交媒体帖文与评论、论坛讨论帖等。依托大数据与 AI 技术，实现高效的数据采集与挖掘分析。实现对网络热点话题的动态监测，发现话题产生的原因与演变趋势，分析相关群体的动向与看法，为政策制定者提供决策参考。时刻关注国内重大社会事件、自然灾害等在网络上的反响，防范网络辟谣或引导舆论被利用。

监测机构还要定期发布网络舆情监测报告，报告的发布要准确及时，内容要深入浅出，要使用通俗易懂的语言与形式，以方便决策者阅读与参考。报告要在保护信息来源的同时，展示一定的数据与案例分析，以增加报告的说服力。

（二）社会在发挥用户举报作用方面的措施

在发挥用户举报作用方面，政府部门和企业要建立广覆盖的举报机制，简化举报流程，加强举报信息核查与响应，公布处置结果，开展用户宣传教育等措施，激发和发挥用户举报的积极作用。这也将有助于企业和政府构建“网民共治”的网络生态秩序，提高管理的精准性与针对性。具体措施可以采用以下几个步骤。

第一，建立广覆盖的举报机制。政府部门和企业要设立电话、网站、App等多种举报渠道，以便于广大网民举报网络中存在的不良违法信息。

第二，简化举报流程。举报机制应简便易操作，让广大网民用最便捷的方式及步骤实现实时举报。在举报过程中，注明举报流程，应避免过于复杂，同时引导网民学会保存并提供关键证据信息，以方便相关监管部门的后续核查。

第三，加强举报响应。政府部门和企业要设立专门的机构受理来自用户的举报信息，要在较短时间内完成初步评估，对严重影响网络安全与社会稳定的信息实施快速处置。对其他类型信息，也要在正常规定时间内完成核查与回应。

第四，公布处置结果。对引起较大社会关注的网络信息，政府部门和企业在实施处置后，应及时向社会公布处置结果与理由。积极消除网民疑虑，从而引导网民继续发挥举报作用。处置结果也应定期汇总，以利于举报机制的效能评估。

第五，开展用户宣传教育。政府部门和企业要广泛开展网络信息识别与辨别的公益宣传教育，指导网民在转发和评论信息前进行初步判断，引导网民养成审慎的网络素养。助力增强网民自我防范意识，减少不良信息通过用户再传播产生的隐患。

（三）社会在加强数据开放和共享方面的措施

在加强数据开放和共享方面，政府部门和企业要通过政府数据开放，建立标准化数据接口，企业要承担更大的数据责任，采取加强数据安全管理、保障个人信息安全等措施，推动网络治理数据开放共享工作落到实处。同时信息安全要放在首位，防止过度开放所带来的风险隐患。

在数据开放和共享方面，要做到数据存储的统一，实现共享开放，加强安全管理。消灭在传统信息化平台建设中的“竖井式”业务、“数据孤岛”、重复建设、资源浪费等问题。[①] 政府部门在加快建立政府信息公开和共享机制的同时，在保障信息安全的前提下，还要加大政府统计数据、行政数据、科技数据等向社会开放的力度，为各界开展研究和监督提供数据支持。

政府部门和企业要共同努力，建立标准化的网络安全数据接口规范，实现跨部门和跨企业间的数据互联，利用好相关数据的整合分析与应用，要遵循统一的数据接口和技术标准，便于不同系统之间的数据实现交换和共享。

企业作为网络数据和业务数据的主要产出方，要承担更大的数据责任，在保障自身商业机密的同时，要主动提供更多数据资源，供政府管理部门和研究机构使用。这需要企业积极转变以往的传统观念，承担起更大的数据社会责任，促进数据的有序流通和应用。

政府部门和企业在开放共享数据的同时，要高度重视数据安全管理与保障。要建立科学的分类分级制度，严格控制不同级别数据的开放范围和使用方式。要采取切实有效的技术手段和管理措施，防止数据在开放共享过程中被滥用或泄露。政府部门和企业要严格遵守《中华人民共和国网络安全法》和《个人信息保护法》等法律法规，对个人敏感信息和关键信息要实施特别保护。在开放共享其他类型数据的同时，要采取差异化的数据脱敏和去标识化处理，严防个人隐私数据的泄露。

（四）社会在发挥媒体监督作用方面的措施

在社会监督方面，媒体的力量是不可或缺的。新闻媒体要通过加强网络热点事件跟踪报道，深入网络政策法规调查，聚焦网络安全投入状况，开展深度专题报道，建立长效监督机制等方式，持续增强自身在网络治理中的监

---

① 编程生涯:《政务数据共享开放的意义》，https://www.rstk.cn/news/1189759.html?action=onClick，访问日期：2023 年 8 月 1 日。

督作用。

在加强对网络空间的关注方面，应迅速跟踪报道网络热点事件的起因、经过和影响，监督政府和企业的协调处置情况，问责相关部门在事件中暴露出的管理漏洞与不作为。要聚焦网络空间治理中的突出问题与热点难点，开展系列深度报道，揭露问题的成因所在，追问相关部门的督导责任，为决策部门提出有针对性的整改方案。深度报道有助于改变现状，促进相关主体采取更为积极的行动。

同时，深入网络政策法规调查，分析政策法规出台的意图与影响，检视政策法规的落实与执行情况，提出进一步完善的建议。要关注政策法规在实施过程中产生的争议与意见，引起社会关注并提出解决方案。

除了关注上述内容，新闻媒体还要建立网络空间治理的长期跟踪报道和监督机制，通过定期评价报告、专家访谈、读者来信等形式，持续监督政府和企业改进工作落实情况与效果。要促进决策部门将媒体监督意见转化为管理举措，将推动监督形成常态化。

五、网民：注重强化自律意识

在新时代我国网络综合治理体系构建过程中，要通过增强网民网络安全认知，遵守网络行为规范，审慎转发信息，举报网络违法信息，共建网络文明等方式，在日常网络生活中注重加强网民自律，践行社会责任。这将有助于推动全社会各界构建良好的网络生态秩序，实现网民共治。这也是履行网民应尽的义务，以积极参与国家网络空间的综合治理。

（一）增强网民网络认知方面的措施

在增强网络安全认知方面，要通过开展网络安全宣传教育、发布网络威胁报告、实施网络安全宣传周、提供安全工具指导、加强新技术安全风险教育等措施，不断提高网民的网络安全认知水平。

首先，政府部门要加大网络安全知识的公益宣传力度，利用各类媒体平台开展针对网民的安全教育，增强网民的风险意识和防范技能。要加强对青少年的网络安全教育，帮助其养成良好的网络使用习惯。网络安全监测部门要定期发布有关网络安全威胁报告，揭露网络空间存在的各种安全威胁，如木马病毒、网站钓鱼、个人信息泄露等风险。报告要采用易于理解的方式和语言，方便广大网民阅读学习。政府部门还要定期组织实施“网络安全宣传周”等活动，开展形式多样的宣传活动，如网络安全知识竞赛、演讲比赛、体验馆活动、微电影制作大赛等，以吸引更多网民参与，增强大家安全意识。

其次，政府部门要联合企业，提供安全工具指导并加强新技术安全风险教育。政府部门和企业要为网民在技术上提供安全工具（如防病毒软件、杀毒工具、密码管理等），并提供详细的使用指导，帮助网民能够应用工具加强自我防护。定期更新工具与病毒库，确保网民上网时设备的安全。随着5G、物联网、人工智能等新技术应用日渐广泛，政府部门和企业要加大对新技术网络安全风险的教育宣传，指导网民合理使用新技术，最大限度规避安全隐患。协助网民做好新技术环境下的安全防范。

（二）网民在遵守网络行为规范方面的措施

在遵守网络行为规范方面，网民应遵守法律法规，按规定使用网络账号；发布真实合法信息，理性表达意见；及时报告网络违法信息，保护好个人隐私和信息安全，自觉遵守各类网络行为规范。

在网络空间中，广大网民的言行举止，必须遵守《中华人民共和国网络安全法》《中华人民共和国个人信息保护法》等相关法律法规。不得利用网络实施诈骗、敲诈勒索、盗窃个人信息等违法犯罪活动。在网络空间中尽到自己的基本义务。

网民在注册网络账号时，应按平台规定提供真实身份信息。不得使用他人身份信息注册账号或出借、出售账号，这也是关于网络账号的基本要求。同时，应采取合理有效的手段来保护个人敏感信息安全，限制不必要的个人信息在网络上的曝光和传播，树立信息安全意识。

网民在网络平台发布信息时，应遵循真实、合法的原则。不得故意编造并传播虚假信息或不实谣言，误导他人或社会。网民在评论和交流时应保持理性，避免人身攻击和侮辱性语言。应基于事实和数据进行讨论，尊重他人不同观点，不传播带有负能量的信息和文章。

另外，在使用网络过程中，如果发现各种网络违法信息，如暴力恐慌、诈骗信息、个人隐私泄露等，应及时向有关部门举报。共同参与维护网络秩序的治理，这也是广大网民应尽的责任和义务。

（三）网民在审慎转发信息方面的措施

网络空间中内容丰富多彩，当看到有趣的内容或热点事件时，很多网民会选择转发给亲人或朋友进行分享，经多次转发后，就会造成该信息的广泛传播。所以网民在转发网络信息前应有自主意识，判断信息来源，验证关键内容，分析信息合理性，关注网民评论，保持审慎等。养成理性判断信息真实性与影响的思维习惯，防止盲目传播未知及来源不明的信息。

在转发信息前，网民应尽量判断信息来源的真实性和可信度。要审查信息发布者的身份和动机，认真辨别信息是否来自官方机构和权威媒体。避免转发假新闻和不实信息。要尽可能查证信息中引起重大争议或产生重大影响的关键内容，确保内容属实。多查阅权威机构及媒体的报道，或者直接查阅政府公开数据进行印证，这样可以有效地防止信息及失实言论的错误转发。

目前，在网络空间中充斥着各种海量的信息，其中难免有一些为了博人眼球的虚假或不良信息。所以网民要学会理性分析每一条信息的合理性与逻辑性，判断信息中的论据、数据或案例是否可信。要时刻注意因热度一时高涨的信息，这些信息可能存在着恶意或不实。盲目转发不经确定的信息，可能会在这一过程中为虚假信息起到推波助澜的作用。

当对信息进行分析时，我们要多查看其他网民的评论与反馈。因为往往不同的评论能为我们提供不同的视角，有助于在转发前对信息进行全面判断。即便一条信息初步判断为真实，网民也应保持理性的状态，不轻易转发过于情绪化或主观片面的评论，要发表基于事实与理性的意见。防止信息因快速扩散，而产生不良的负面影响。

（四）网民在举报网络违法信息方面的措施

在举报网络违法信息方面，网民要通过选择正确的举报入口，提供详细举报线索，进行实名举报，并避免因重复举报降低处罚效率，同时给相关部门增加工作难度。这不仅是网民在维护网络空间秩序时的责任，同时也是参与治理的基本义务。

在选择相应正确的举报入口时，如涉及网络侵权信息，应该通过“侵权类”举报入口进行提交。这样可以确保举报信息能够得到及时、有效的处理。同时，在提供详细的举报内容：在举报时，需要提供详细的违法信息内容，包括违法信息的来源、具体描述、涉及人员等。同时，还应提供举报人的联系方式，以便相关部门在需要时能够及时与你取得联系，以便核查。为了保障举报的效率和公正性，每位举报主体在24小时内原则上最多只能举报50次。如果发现有重复举报的情况，相关部门可能会将其视为恶意行为并采取相应的处理措施。

而对于网络侵权信息等需要追究法律责任的举报，举报人应该进行实名举报。这样不仅可以提高举报的可信度和处理效率，也有助于维护网络空间的法治秩序。在举报虚假信息时，举报主体在举报时应确保所举报的信息是客观、真实的。如果故意捏造事实、诬告陷害他人或伪造举报证据等，将依法承担相应的法律责任。

政府部门接到网民举报后，会对相关信息进行核查。网民要积极进行配合，并提供关键证据和线索，说明信息的危害性与破坏力。协助有关部门迅速判断信息的违法性，采取断后的处置措施。网民在举报违法信息后，要时刻关注政府部门的处置结果与反馈。如发现相关违法信息未得到有效打击或处置不当，可以进一步举报并反映，督促部门履行法定职责。这也有助于提高部门打击网络违法信息的效能。

网民在使用网络平台或服务过程中，如发现用户举报管道或机制不便捷、不高效，应向平台或部门提出反馈和建议。这有助于不断改进和优化举报机制，激发和保护网民进行信息举报的积极性。

除以上具体措施，网民在举报网络违法信息时还应树立网络法治观念，依法依规上网用网。在使用网络交流思想、表达意愿时，应严守法律底线，遵循网络规范，不编造、散播虚假信息，杜绝网络暴力等行为。同时，也要积极参与网络文明建设，提升网络文明素养，共同维护网络空间的秩序和安全。

（五）网民在参与共建网络文明方面的措施

在参与共建网络文明方面，网民要通过树立正确的网络法治观念，文明上网，并积极参与网络公益活动、提升网络素养、参与网络监督及传播正能量。在践行网络礼仪和倡导网络公德方面提出建设性意见，在日常网络生活中积极履行和践行网络文明。

网民要在日常网络交流中积极传播正能量，发表理性、富有建设性的言论。可以通过分享优秀的文化作品、传播积极向上的价值观念等方式，引导网络空间形成健康向上的氛围。同时弘扬互助、友善、宽容的网络价值观念，营造和谐的网络氛围，引导更多网民来践行网络道德。在网络交流过程中应彬彬有礼，避免人身攻击、避免侮辱性语言等不当言论出现。要尊重他人不同观点，以平顺、温和的语气进行发言。不断提高和学习自我表达能力与网络社交知识。

网民要在日常使用网络时践行诚信、友善、互助等公德，推动这些良好品质在网络空间中的弘扬和传播。还可以在社交媒体上分享这方面较好的一些典型案例，以引导他人共同践行。使得广大网民增强公民意识和社会责任感。

如发现网络平台或在接受网络服务时存在不足之处，网民应以建设性且理性的语气提出反馈意见，并提出切实可行的改进方案和建议。协助企业改进产品质量和服务意识，进而提高网络用户的体验满意度，推动助力企业履行更高的社会责任。

第三节　我国网络综合治理应采取的长期策略

随着网络对社会各方面影响的加深，我国网络综合治理也更加系统和规范，网络主权、文化治理、技术发展也显得更加重要，在国际领域的合作也得到了进一步加强，这也为新时代网络空间的稳定和发展提供坚实而有力的保障。面对我国网络综合治理的未来发展趋势，我们应立足长远，积极采取长期策略，从而加强我国的网络综合治理。

一、强化网络主权和安全

网络主权涉及国家在网络空间的权利和管理权限，网络安全是新时代国家网络治理的基石。加强网络安全水平和强化网络主权，采取有效的综合措施，完善法治体系和运行机制。这些举措都将为国家网络空间安全发展提供坚实的基础。具体实施办法及措施如下。

首先，要完善网络主权理论体系。例如，进一步明确网络空间范围、网络数据主权范围，提出网络技术主权等相关概念，为网络主权提供更加清晰和系统的理论指导。

其次，要加强网络基础设施防护。加大网络产品和服务的安全审查力度，建立关键信息基础设施风险评估机制，加快发现和修复网络技术漏洞；评估重要网络设备、工控系统等面临的风险，部署专门的防护系统，提高其抵御网络攻击和技术故障的能力；使用人工智能和大数据技术，提高应对对抗性人工智能攻击、ChatGPT 支持的社交工程、第三方开发者攻击、SEO 攻击和付费广告攻击的检测和拦截能力。建立网络空间威胁情报分享平台，加强对网络攻击的预警和分析研判。同时，严厉打击网络攻击和监控行为。建立网络攻击溯源机制，使用数字取证技术找到网络攻击的来源，打击植入木马等网络犯罪行为。

最后，加强全民网络安全教育与加大科技投入和人才培养。开展针对不同群体的网络安全教育培训，普及网络安全知识和技能，增强全社会的网络安全意识，熟练掌握防护技能。增加网络安全领域的科研投入，加快发展自主可控技术。加强网络安全专业人才培养，建立起切实可行的产学研用合作机制。

二、大力推进网络技术发展

“网络信息技术是全球研发投入最集中、创新最活跃、应用最广泛、辐射带动作用最大的技术创新领域，是全球技术创新的竞争高地。”习近平总书记一直高度重视网络强国建设，加快发展网络信息技术，尽快实现高水平自立自强，为网络强国建设奠定更为坚实的基础。[①] 推进网络技术发展需要加大投入，发展自主技术，布局新产业等，这些举措将有力促进我国网络技术能力的提升。

（一）加大网络技术创新投入

网络技术的发展离不开科学研究的支持，只有通过持续的科研投入，才能不断推动网络技术的创新和突破。因此，政府应该加大对网络技术领域的

① 上观时政:《阔步迈向网络强国 | 加快发展网络信息技术 习近平指明方向》，https://export.shobserver.com/baijiahao/html/632461.html，访问日期：2023 年 8 月 1 日。

科研经费投入，为科研人员提供更多的研究资源和条件，激发他们的创新潜能，推动网络技术的发展。另外，设立专项基金来支持网络技术的创新和产业化也是非常必要的。专项基金不仅能为网络技术的研发提供资金支持，还能帮助科研人员开展更多的创新研究。同时，专项基金还可以支持网络技术的产业化过程，帮助企业将科研成果转化为实际的产品和服务，推动网络技术的应用和推广。通过设立专项基金，我们可以为网络技术的创新和产业化提供更加稳定和可持续的资金支持，进一步提升我国在网络技术领域的竞争力。

同时，鼓励企业增加研发投入也是非常重要的。因为，企业是网络技术创新和产业化的主要力量，政府可以通过税收优惠、科研项目合作等方式，鼓励企业增加研发投入。从而加强与企业间的合作，共同开展网络技术的研发和应用，促进科研成果的转化和推广，进一步激发企业的创新活力，推动网络科技的发展。

（二）加快自主可控技术的研发和新兴产业的布局

投入更多资源发展自主可控的5G、人工智能、量子计算等技术，提高网络关键基础设施和产品的安全性。例如，人工智能作为一种具有广泛应用前景的技术，其发展使得我们能够更好地处理和分析大量的数据，但同时也带来了隐私泄露和数据安全的风险。为了解决这些问题，我们就需要投入更多的资源来发展自主可控的人工智能。这包括加强对人工智能算法的研究，以提高其在隐私和数据安全的保护能力。确保人工智能的安全件，为人们提供更加安全和可信赖的智能化服务。只有这样，我们才能确保网络的安全，为社会的发展提供更加稳定和可靠的网络环境。

新兴技术产业的合理布局也将为我们带来巨大的经济效益。人工智能技术的应用已经渗透到各个行业，包括金融、医疗、制造等。我们通过人工智能技术的应用，不仅可以提高生产效率，降低成本，还能为大家提供更好的产品和服务。大数据技术的应用可以帮助企业更好地了解消费者需求，制定更精准的营销策略。物联网技术的应用可以实现设备之间的互联互通，提高生产效率和资源利用率。区块链技术的应用可以提高交易的透明度和安全性，降低交易成本。

布局新兴技术产业可以推动产业升级和转型。传统产业面临着市场竞争的压力和技术更新的挑战。通过引入新兴技术，传统产业可以实现数字化、智能化和网络化的转型。例如，传统制造业可以通过引入人工智能和物联网技术实现智能制造，提高生产效率和产品质量。传统金融业可以通过引入区块链技术实现去中心化和安全的交易。

新兴技术产业的发展需要大量的创新和创业者。创新和创业可以带来新的商业模式、产品和服务。通过布局新兴技术产业，政府可以提供创新和创业的支持政策，包括资金支持、税收优惠和人才培养等。企业可以通过布局新兴技术产业吸引创新和创业者，推动技术创新和商业模式创新。

总之，布局新兴技术产业对一个国家来说具有重要意义。通过布局新兴技术产业，可以带来巨大的经济效益，推动产业升级和转型，促进创新和创业。然而，布局新兴技术产业也面临着一些挑战，需要政府和企业共同努力。

三、进一步加强网络文化治理

加强网络文化建设是新时代国家网络治理的重要内容，也将是未来发展的必要举措，是一个全方位的系统工程。加强内容管理、培育主流文化、改进传播方式、提高国际影响等，这些举措都将有助于营造一个更加美好的网络空间。

在我国，网络文化提倡的是主流网络文化的培育，政府部门可以通过政策的引导、教育的加强、媒体示范和文化交流等方式，创新网络文化的传播方式。政府和相关机构可以通过制定和实施相关政策，鼓励和支持网络主流文化的发展。例如，设立专项资金、制定文化产业发展规划等。同时，通过学校教育、社会培训等方式，加强对网络主流文化的宣传和教育，提高公众对网络主流文化的认知度和认同感。此外，主流媒体和社交平台应积极推广和传播网络主流文化，通过优质内容和正面案例，引导公众形成正确的网络文化价值观，并举办线上线下文化交流活动，促进不同文化之间的对话和融合，形成包容、多元的网络文化氛围。

而在创新网络文化的传播方式上，可以充分利用社交媒体、短视频、直播等新媒体平台，以更加生动、有趣的方式传播网络文化。通过线上互动活动、话题讨论等方式，吸引用户参与和分享，形成病毒式传播效应。加强跨界合作，与文化、旅游、教育等领域进行跨界合作，开发具有创新性的网络文化产品和服务。利用现有技术根据用户的兴趣和需求，提供个性化的网络文化内容推荐，进一步加强与国际媒体和平台的合作，推动中国网络文化走向世界，展示中国的文化魅力和软实力。

四、不断完善网络治理体系

完善网络治理体系是未来网络平稳运行的必要举措。明晰管理责任，改进协同机制，加强法治保障和实行网络实名制，这些举措将有助于更好地构建科学高效的网络治理管理体系。

首先，在明确网络管理责任方面，我们应进一步明确政府、部门、企业等在网络安全管理、技术监管和内容监管等方面的责任，形成网络治理的责任体系。同时，增强并改进联动协同机制。建立以政府、部门、企业等为主导协调机制，在网络事件响应和网络犯罪调查等方面，提高网络治理的效率和效果。

另外，在完善基层网络管理体系和制定和修订网络相关法律法规方面，应在基层政府设立网络管理部门，提高基层网络管理能力，发挥基层在网络治理中的作用。同时，根据互联网行业发展情况和监管需求来及时修订《中华人民共和国网络安全法》《中华人民共和国数据保护法》《中华人民共和国网络信息内容管理法》等法律法规，为网络治理提供法治保障，明确各方面权利义务。并在一定范围内实行网络实名制，建立网络侵权和过错责任追究机制，强化网络行为约束。创新网络内容监测、安全监测等手段，推动网络治理方式从被动回应向主动预防转变。

五、加强国际网络治理合作

构建安全有序的网络空间，是国际社会的共同责任，也是每个国家的权利和义务。很多国家通过持续出台政策措施，不断完善立法、加强监管、举办科普教育活动等方式，切实有效地提升了本国网络治理的能力，净化网络环境。在国际社会中，各国应充分加强合作，共同打造健康且富有活力的网络空间，让网络信息文明成果可以更好地传播，同时惠及各国民众。[①] 为此，要加强国际网络治理合作需要构建多边合作机制，推进双边治理合作，共享数据和人才，同时推动建设开放、协作和安全的网络空间等。具体方式如下。

① 环球网:《多国持续加强网络环境治理（国际视点）》，https://baijiahao.baidu.com/s?id=1766737881297679013&wfr=spider&for=pc，访问日期：2023 年 8 月 1 日。

第一，参与全球网络治理组织，建立双边合作机制。加入联合国网络空间相关会议等全球网络治理组织和机构，推动制定有利于全球网络治理规则。与更多国家和地区建立网络安全和治理领域的政策沟通和合作机制，就网络规则、标准、安全隐患联动和打击跨境网络犯罪等开展合作。

第二，推进“一带一路”网络安全合作战略。在“一带一路”倡议下，与相关国家在网络安全领域进行政策沟通、技术交流和能力建设等方面展开密切合作。

第三，共享网络空间大数据，共同制定网络空间规则。在保障数据安全的前提下，与其他国家共享网络威胁情报，加强对全球网络安全风险的认知，提高网络防御能力。与各国在网络数据流通、网络犯罪管辖等领域开展磋商，推动达成共识和制定相关国际规则。另外，开展两国网络安全人才的互访交流和联合培养，促进两国在网络安全领域的相互理解，为更深层次的合作奠定人才基础。

第四章　网络文明建设的理论基础与战略方向

网络文明的内涵主要指的是网络技术文明、网络精神文明和网络制度规范文明。网络文明建设具有满足人民美好生活需要、实现国家发展目标、推动人类文明进步的三重价值。其“内涵”和“价值”构成了网络文明建设的理论基础。网络文明建设的战略方向，则要从思想引领、文化培育、道德建设、行为规范、生态治理和文明创建等几个方面予以把握。

第一节　网络文明建设的内涵

网络文明建设是国家安全的重要保障，是顺应我国媒体格局和舆论格局发展变化的战略选择。同时，也是新时代加强和创新社会治理的重要举措，是满足人民群众向往美好幸福生活的精神文化需求。它不仅能够提高国家文化的软实力，还是推进社会主义精神文明、文化强国和网络强国建设的重要组成部分，是发展积极健康网络文化的主要抓手，是净化社会环境、保护青少年健康成长的迫切需要，总的来讲，是党和国家的一项重要长效工作。[①]

网络文明建设的内涵主要包括网络技术文明、网络精神文明和网络制度规范文明三个层面。首先，网络技术文明是网络文明建设的基础，它涉及网络基础设施的建设、网络技术的创新和应用，以及网络安全保障等方面。随着网络技术的不断发展和进步，也为网络文明建设提供了有力的支撑和保障。其次，网络精神文明是网络文明建设的核心，它涉及网络文化的传承和创新、网络道德的建设、网络素养的提升等方面。网络精神文明建设的目的是要营造一个健康、积极、向上的网络环境，引导网民树立正确的网络价值观，形成良好的网络风气。最后，网络制度规范文明是网络文明建设的重要保障，它涉及网络法律法规的制定和实施、网络治理体系的完善等方面。网络制度规范文明建设的目的是要建立健全网络管理制度和规范，保障网络秩序和网络安全，维护网民的合法权益。

综上所述，网络文明建设的内涵是一个系统工程，需要政府、企业、社会组织、网民等各方共同努力，从网络技术、网络精神文明和网络制度规范三个层面全面推进，共同营造一个健康、有序、安全、具有活力的网络环境。

一、网络技术文明

网络技术文明是网络文明的重要组成部分。网络技术文明体现为网络技术的人性化导向、安全可控以及适度开放。它是以网络技术、网络标准、网络规则和网络人才队伍作为支撑的。所以需要相关各方通力合作，才能有效发挥网络技术的积极作用，从而实现人与网络更加和谐的协作。

① 人民资讯:《推进和加强新时代网络文明建设》，https://baijiahao.baidu.com/s?id=1700464450983292028&wfr=spider&for=pc，访问日期：2023 年 8 月 1 日。

（一）网络技术人性化设计

人性化是评价一项网络技术是否先进和成熟的重要标准。网络技术人性化设计需要站在用户角度来思考与体察，在技术功能和交互形式等方面兼顾认知与情感。这将更有利于实现人与技术的良性互动与信任关系。

人性化设计，首先要注重用户体验，网络技术和产品设计要围绕用户需求和使用场景展开，提供简单、友好的人机交互界面，降低用户的学习和使用成本，这有助于提升产品和服务的使用率和好评度。同时，人性化设计要考虑弱势群体需求。在设计过程中要充分考虑老年人、残疾人等弱势群体的特殊需求，提供手语、语音等不同形式的辅助交互功能，不让任何一方在网络世界里掉队。

网络技术开发要以“最少的输入获取最大的输出”为导向，在复杂的技术系统中隐藏复杂性，提供简单直观的操作体验，这能够有效减轻用户的认知负荷。在操作简便的同时，网络技术在视觉设计、交互形式和使用场景等方面要考虑用户的情感体验，避免刺激性的色彩、夸张的表现形式，让用户在使用过程中感到自然和舒适。

（二）保障网络数据和个人信息安全

近年来，网络数据和用户个人信息经常受到网络威胁，网络数据被盗取和用户个人信息泄露的新闻屡见报端，加强此方面的保障刻不容缓。运用网络数据和个人信息安全需要全面考虑技术手段与管理机制，政府和企业共同履行保护责任，而网民也需要增强自我保护意识。这才有利于构建和谐的信息安全生态环境，实现网络空间持续健康发展。

第一，加强网络基础设施安全，使用强加密技术。完善网络设备安全标准，打造安全可信的网络运行环境，消除网络数据流通和交互过程中的隐患。

在网络数据存储、传输和处理环节采用加密手段对信息进行加密保护，避免被未经授权的主体获取。

第二，实施网络防护体系，进行信息鉴权和权限管理。建立网络入侵检测、风险评估和应急响应机制，通过防火墙、网关、杀毒软件等防护手段监控网络安全状况，及时发现和响应网络攻击。在网民访问个人信息或关键数据时进行身份验证，按照授权范围与权限要求对数据进行过滤判断，防止超权限操作。

第三，加强隐私保护机制，建立数据安全应急机制。在收集和使用个人信息时，要严格遵循知情同意与最少采集原则，明确信息用途，并且在用途达成后进行及时删除或匿名化处理。对重要网络数据和个人信息，要提前建立数据备份机制，并制定数据安全事故处置预案，在发生泄露等事件时能够及时启动应急响应，最大限度地减少损失。

另外需要注意的是，网络技术要在产品和服务中设置明显的功能提示或隐私政策提示，用于保障用户知情权，让用户在使用前充分了解相关技术手段、数据使用规则等信息，了解其中潜在的风险。

（三）开放网络技术

网络技术开放需要在安全可控的前提下，构建良好的生态环境与支撑系统，并让更多的创新主体参与进来，这不仅有利于激发创造力，培育新技术新业态，还能进一步推动网络技术更加广泛地深入发展，为我们提供更好的服务。

开放网络技术，并非毫无保留地全面开放，网络的基础支撑技术和关键基础设施需要严格控制开放度，避免被竞争对手或攻击者利用，影响网络安全。对一些扩展应用、辅助功能类接口，可以适度向第三方开发者开放，允许其开发网络应用和创新型业务，拓展网络技术的应用场景与可能性。在开放应用接口与开发工具的同时，要制定相关标准与规范，明确开发者的权利和义务，加强管控，引导网络技术创新朝着更加规范有序的方向发展。

政府与企业可以通过举办黑客马拉松、技术创新大赛等形式鼓励创新，吸纳社会智慧，实现联合创新，同时也加速网络技术的迭代与升级。同时，政府与企业可以共建网络技术开放平台，向创新者提供必要的软件，吸引更多小微企业及个人开发者参与其中，实现网络技术生态的繁荣。

从政府层面出发，我们还需要进一步加强开放对科技、创新、发明等成果的保护，对一些优秀技术创新成果，要加强相关的知识产权保护措施与技术孵化，从而帮助其转化为数字经济的新动力，实现技术创新至产业升级的有机衔接。

（四）运用网络技术治理

在网络技术治理方面，我们要充分利用大数据、人工智能等技术实现网络内容的全面管控、网络行为管理和网络事件监测等，进一步提高治理的精细化、专业化和智能化水平。

首先，利用大数据实现全网监测，是实施网络综合治理的基础。我们应该通过对海量网络数据的采集与分析，监测网络环境。对已发现的网络安全事件、网络舆情动态和热点话题等，利用网络技术实现全面监测和治理。

其次，运用人工智能提高治理精准度，并借助机器学习、自然语言处理等人工智能技术，实现网络有害信息的自动检测与识别，同时对网络事件的关联性进行分析和预警，从而提高治理的针对性和时效性。

最后，我们还需要对现有的体制和相关机制进行完善管理。例如，①统一网络行为标签与评价体系，通过对网民网络行为的监测，开发行为标签与评价标准，对不同类型的网络行为进行分类指标和分级管理；②完善网络舆情应急机制，建立网络舆情监测预警平台，制定不同事件等级的处置预案，在舆情事件发生时能够及时发现，快速响应，采取针对性的引导措施，遏制网络舆情的失控蔓延；③推行跨部门联合治理，建立网络空间治理部门协同工作机制，在事件监测、应急处置、后续评估等环节实现信息共享与协同联动，提高治理效率与效果，这需要相关部门在理念、职责上能够达成高度一致。

（五）制定网络标准和规则

一个好的标准和行业规则，是在一系列严谨、公正、公开的基础上制定出来的。需要我们在结合实际的同时，首先需要明确标准制定的目的，同时明确各方权利的义务，通过在广泛调研和专家讨论的基础上，从而制定出网络数据、网络安全和网络产品服务等相关标准和议规，进一步规范网络技术方向的发展。

通过制定网络数据和个人信息保护标准，明确网络数据、个人信息的分类管理要求，规定信息采集、存储、使用和删除等相关标准与流程，保障信息安全与隐私权。制定网络安全管理标准，其中包括网络设备安全标准、网络入侵检测标准和网络应急响应标准等，明确网络运行者网络安全的技术要求和管理要求。制定网络产品和服务标准，对网络产品功能、性能、安全指标和服务过程与效果等提出标准与规范，引导网络产业健康发展。

建立行为守则与网络道德规范，针对网民日常网络行为，制定行为规范和道德底线，引导网民养成理性、文明的网络交往习惯，推动形成积极向上的网络环境。同时，完善网络社会管理相关规定，对网络虚拟财产、网络知识产权和网络舆情传播等方面制定相关规章制度，在网络社会形态发展过程中提供制度保障。

（六）建设网络技术人才队伍

人才是网络安全建设的核心资源，人才的数量、质量、结构和作用的发挥，直接关系到网络建设水平的高低和保障能力的强弱。所以要加大网络技术人才培养力度，建立网络技术人才的分类培养、职业认证制度，以满足当下对网络技术创新与应用发展的需要。

完善人才培养机制，需要建立网络技术人才分类培养方案，从大学生、在职人员到企业工程师，采取差异化培养措施来满足人才需求与供给的有机衔接。在教学过程中增加实践环节，鼓励学生参与到实际的技术开发或科研项目中，加强与企业间的合作，实现理论与应用的有效结合。

还要积极开展网络技术职业认证，建立从初级到高级的网络技术人才职业技能认证体系，帮助人才准确定位自身的技能与水平，助力政府和企业量才录用。同时，加强互联网行业人才服务，搭建政企人才沟通平台，了解行业对人才的要求与诉求，定期发布企业人才需求信息，引导高校与科研院所人才培养方向，从而进一步促进产学研用有机衔接。

同时，要坚定不移畅通人才“大循环”，盘活人才“蓄水池”，聚天下英才而用之，不断推动构建人才新发展格局，[①] 建立人才流动机制，鼓励人才交流、轮岗和转业，特别要支持网络技术领域不同岗位之间的人才流动，拓宽人才视野，激发工作激情，给予体制内与体制外的奖励支持，从而营造人才成长的良好环境。

---

① 陈军:《畅通人才“大循环”构建人才工作新发展格局》，http://www.sznews.com/news/content/2022-03/29/content_25027445.htm，访问日期：2023 年 8 月 1 日。

二、网络精神文明

网络精神文明关注的是网民的思想品德修养，因此需要理性判断与情感关怀并重，政府和企业要营造支持环境，全社会共同参与。网络精神文明是实现网络文明最深层的基石，需要全社会持之以恒地共同努力。

（一）坚持理性和谐的网络交流

理性和谐网络交流需要网民自律与企业创新并重，政府加强监管固然重要，但企业和广大网民对网络大环境的共同营造也不可缺失，想要实现人与人、人与技术的和谐协作关系，就需要全社会的共同努力。如何实现理性和谐的网络交流，我们需要坚持以下四项原则。

第一，理性原则。在网络交流过程中要客观理智，不受个人偏见影响，不轻信谣言，在表达观点前要查证信息，这可以避免不必要的误解与争执。

第二，友善原则。采取温和的语言、友好的语气，要为不同观点提供理由与依据，不对持有异见者进行人身攻击，这有助于减少交流中的对抗性情绪，达成理性讨论。

第三，包容原则。要尊重他人不同的声音与立场，在交流时为不同意见留出解释的空间，不要将不同意见视为一定是错误的，这体现了开明与宽容的态度。

第四，共建原则。不要将网络空间视为实现个人意图的工具，理解个人言论对集体的影响，在交流中体现社会责任感，这有利于形成和谐的网络关系和集体意识。

除了上述四项原则，政府和企业还需要营造有利的环境。要做到：加强网民网络素养教育，增强理性交流的意识；打击网络谩骂、人肉搜索等行为，营造相互尊重的氛围；建立网络舆情监测机制，及时发现过激言论或有害信息，采取处置措施来引导舆论降温；完善网络实名与信用机制，提高网民言论的责任感；制定行业管理标准，规范企业产品和服务安全管理要求。

（二）维护充满正能量的网络环境

网络环境是一个大型的动态共生系统，需要各个方面协同发力，共同营造。除了加强管理和技术治理，还需要增强网民的价值意识，鼓励网民主动参与到传播正能量的实践中来。这需要全社会、多渠道一起来发挥作用，实现网络环境的持续优化。

一方面，在传播主流价值观的同时，要抵制相关不良信息。广泛宣传社会主义核心价值观，弘扬爱国、诚信、友善和勤劳等文化理念，在网络空间中使用积极正面的语言，引导网民形成正确的价值判断。同时，推出一些主打积极向上、真善美内容的网络产品或服务，吸引网民参与和传播，引导网民向健康的方向发展。对那些不良信息要坚决抵制，在网络监测机制的帮助下，对低俗、暴力和淫秽信息进行检测与过滤，遏制此类信息在网络中的传播。

另一方面，维护网络环境要加强全民参与。支持网民社会责任项目、支持和宣传一些公益性网络社会责任项目，如中国网络安全日、世界互联网日等，增强网民参与意识，传播正能量。同时要开展网络义工活动。组织开展网络环保、网络反盗版等网络义工活动，让更多网民在实践中体验互联网正面的力量，弥补管理机制中的不足。在网络空间将一些热心网民、个人或集体作为典型事例进行宣传，让正能量的个案在社会产生示范作用，获得更多人的共鸣与效仿。

（三）关注弱势群体获得感

关注弱势群体网络获得感不是慈善，而是促进社会公平正义，建立网络平等理念的必然要求。这需要社会各界增强对弱势群体的理解与关心，让技术创新成果惠及更广泛的群体，真正实现人人网络贡献与分享。

在产品设计、功能开发等方面要满足特殊需求，考虑老人、妇女、儿童以及残疾人的特殊需求，如设计更大的字号、手语视频、无障碍操作等功能，使他们可以更便捷地使用网络。也要关注心理体验，网络移动应用场所对一些弱势群体来说可能存在排他性，产品设计和网民交流要避免此类内容，让弱势群体在网络中获得心理上的安全感和归属感。除产品自身要可靠外，相关政策也需要保障弱势群体平等参与网络的权利，如要求具备网络影视字幕、手语翻译等，这是他们获取信息的渠道。

除了上述满足特殊需求，也要注重产品的功能创新。例如，创新交互形式方面，可以开发一些针对性强的产品或功能，利用 AR（增强现实）、VR（虚拟现实）、语音等技术为老人、小孩等群体带来全新网络交互体验，丰富其网络生活。

除了产品本身的功能，还可以定期开展一些面向特定弱势群体的网络实践活动，如老人机器人编程体验课、残疾人网络社交俱乐部等，这可以增进群体之间的交流，也让更多人关注到这些群体的需求。同时，相关企业和政府部门要在产品、功能和活动开展等方面给予弱势群体更多的支持，打造无障碍网络环境，并在政策法规上为弱势群体权益提供保障，让所有网民都能公平而充分地参与网络社会。

（四）发展网络志愿服务

发展网络志愿服务能够发挥互联网的平台优势，打通需求端与供给端，让更多人通过网络参与到公益慈善中来。这需要政府与民间组织共同努力，通过举措与机制设计来吸引更广泛的志愿者参与，真正实现互联网技术惠民的宗旨。

发展网络志愿服务，首先要开展网络志愿者招募与培训。定期开展网络志愿者招募活动，对志愿者进行相关技能与知识培训，使其能够更为专业地开展网络志愿服务。其次是打造网络志愿服务平台，建立政府主导的网络志愿服务交互平台，汇集志愿服务需求信息与志愿者资源，促进双方的有效匹配。再次为开展网络公益活动，组织开展网络教育、网络法律援助和心理健康咨询等网络公益活动，发动更多志愿者参与，惠及更为广大的需要帮助的群体。最后便是推出针对性志愿项目，针对一些残疾人、失业人员和留守儿童等特定群体的需求推出网络志愿项目，如网上陪聊、技能培训等，帮助他们更快地融入网络社会。

为支持网络志愿服务，政府部门应出台相关政策，如志愿服务定期休假制度等，以鼓励企业和个人参与志愿服务。同时设立专项基金，对网络志愿服务项目给予资金扶持。同时，对参与网络志愿服务的企业、组织和个人给予公开表彰与奖励，建立志愿服务成效评价体系，发布志愿服务案例与数据报告，营造良好的志愿服务氛围。

（五）增强网络公民意识

增强网络公民意识，首先需要增强网民的责任意识与价值判断力，让网民理解并主动践行公民精神。这需要政府引导、企业推动和社会各界共同参与，通过教育、舆论与制度手段相结合，最终形成网民自律的良性机制。

加强网络素养教育是增强网络公民意识的关键。通过网络平台开展网络安全、网络伦理和个人信息保护等方面的公民教育，特别要在青少年阶段进行系统培育，帮助其树立正确的网络价值观和养成良好的行为习惯。

政府要加大网络公共决策的透明度，在制定相关政策法规前要广泛吸纳网民意见，并对网民提出的意见给予回应，这可以增强网民的社会参与感和获得感。除此之外，在网络活动中强化社会责任意识，理解个人言论和行为对社会的影响，促进网民在参与网络讨论或传播信息时能够自我约束，这需要培养网民的道德判断力。政府还要在日常的网络交流中倡导网民理性、负责任的言辞表达，引导网民养成文明的网络交流习惯，对网民理性、积极和负责任的网络行为给予激励，反之则采取相应措施，这可以推动网络公民意识和行为的形成。

（六）倡导可持续的网络消费观念

网络中的消费，关系着产业的发展和消费者福祉，企业要重视产品质量与用户体验，政府要加强监管与规范制定，消费者也需要增强安全意识与提高判断力。可持续的网络消费不仅能创造经济效益，更是一种社会责任，这需要全社会的价值重塑与共同实践。

第一，要引导网络消费理念。通过各类网络媒介平台开展网络消费理念教育，如推崇低碳环保、质量优先和合理消费等理念，引导网民养成科学的消费观和习惯。定期开展网络消费常识与安全教育，告知网民各种消费陷阱与防范方法，提高网民对消费过程中权利与义务的认知，促进理性决策。

第二，规范网络产品标准，打击网络欺诈行为。倡导网络产业开发高质量、高性价比产品，准入机制要以产品质量、技术资质为主要标准，避免短期追求超高利润，这需要行业管理部门出台相关标准与政策。加大对网络产品质量不合格、服务劣化和价格欺诈等行为的处罚力度，营造诚信的消费环境，保障网民消费权益。

第三，优化电子商务规则，完善消费争议处理。加强对电商平台的管理，规范商家运营行为，打击各种网络欺骗手法，保护消费者知情权与选择权。平台也要尽量推荐高性价比产品，限制短期折扣营销等行为。健全网络消费投诉与纠纷处理机制，最大限度地维护消费者合法权益，提高网络产品与服务的质量，这也需要行业企业积极配合。

三、网络制度规范文明

《关于加强网络文明建设的意见》指出，加强网络文明建设，是推进社会主义精神文明建设、提高社会文明程度的必然要求，是适应社会主要矛盾变化、满足人民对美好生活向往的迫切需要，是加快建设网络强国、全面建设社会主义现代化国家的重要任务。[①] 网络制度规范文明需要各方共同努力，政府要制定科学规范的管理政策与法规，企业要积极参与行业治理，并配合政府规范实施。

（一）健全网络管理法规

健全网络管理法规需要立法与执法并重，从制定到执行需要各部门之间的通力合作。这就需要政府具有前瞻眼光与宽广视野，通过广泛调研与专家咨询制定出相应的管理措施，并根据网络问题及其变化进行及时修订补充，从而完善网络文明的法治基石。

---

① 网易新闻:《建设网络文明，需要社会各界共同努力》，https://www.163.com/dy/article/GK1EDCQ40521U8R4.html，访问日期：2023 年 8 月 1 日。

基础法律可以为网络管理提供基本遵循的法治框架，但制定过程需要广泛听取各方意见，权衡技术发展态势与社会需求。在基础法律的指导下，出台更加具体的管理办法、实施细则等规范性文件，对网络行为和管理机制进行详尽规定，这需要各主管部门根据法律授权与实际情况制定。

最高法院应会同有关部门，应对网络管理法规的具体适用问题作出司法解释，并统一法律适用标准，避免在司法裁定中出现漏洞或差异。同时，加大立法人员与网络专家的交流，提高立法人员对网络技术发展与问题的理解，在立法过程中力求实现各方有效地沟通，进一步提高立法效果与针对性。各主管部门要加强网络管理法规的执法检查，把握新出现的网络行为与特点，并及时修订或制定相关政策，避免在管理中出现空白与滞后，对已颁布的网络管理法规进行定期检讨，查漏补缺、修订不适用或过时的规定，确保管理水平与技术发展同步进行。以上这些措施，均需要各主管部门的协同与密切合作，才能得以逐一实现及优化。

（二）建立行业标准规范

要针对网络产品、服务项目以及不同领域，制定出相应的技术标准和诚信规范。推出严格的行业标准、企业运营准则及用户权益保护方法，在电子商务、网络安全和互联网金融等不同网络产业领域，设立行业标准制定机构，并由相关企业、行业协会和监管部门共同参与监管，使各企业和服务行业朝着自律的方向发展。

同时，行业标准的制定要有前瞻眼光，要及时跟上现代网络技术的发展步伐，在满足管理要求的同时不得阻碍网络产业技术的创新和发展。行业标准不应过分追求投入产出比率，更应注重引导企业的转变理念，重视用户体验与诚信积累，特别是一些涉及人工智能、大数据的标准要慎之又慎。

另外，还要建立行业标准的监督检查与执行机制，定期对标准实施情况进行评估，并对存在的问题及时进行修订，这是标准落实的有效手段。对于严重违反行业标准要求、破坏行业秩序与用户权益的网络企业采取相应的惩罚措施，这需要行业组织与监管部门共同行动。

（三）完善网络实名制

网络实名制应该在尊重网民隐私与考虑行业技术发展前提下推进，这需要政府出台科学的政策指引，企业要本着保护用户权益与社会责任的原则来设计与实施，并建立健全信息保护与行为管理机制。这既是管理创新的过程，也是文明进步的体现，需要各方以开明、宽容的姿态共同学习与探索。

实名登记对象可从网络服务对象入手，如论坛、电商和网络游戏等平台实行会员实名登记，依法保护网民合法权益的同时可追溯其网络行为。实名信息应由登记平台进行管理，执行严格的分类管理和权限控制，防止信息被非法泄露、买卖或滥用，这就需要我们建立完善健全的信息保护制度。

实名登记需提供真实身份信息与证明，平台需要对信息的合法性与准确性进行认证，完善的认证程序可以有效避免冒名登记等行为的发生。需要注意的是，在个人隐私需求较高的网络交往场景，可以提供匿名登录方式，所以实名制只适用于一定的范围。平台可根据自身行业的特点在充分考虑用户体验的前提条件下自行制定。实名制的实施还需要建立用户身份经过漏洞管理制度、行为管理制度等配套管理措施，规范账号买卖等行为，只有这样实名制的登记才能发挥其更好的优势和作用。

除上述内容外，完善的实名信息管理机制可以为网络违法犯罪行为的追查与处理提供有力帮助。这需要网络企业与司法部门建立信息共享机制，在保护用户隐私的前提下进行有限合作。

（四）建立网络信用评价机制

在互联网经济中，信任是交易的基础。网络信誉的建设可以帮助消费者和商家之间建立信任关系，促进交易的顺利进行。如果网络空间缺乏信誉机制，那么互联网经济就会陷入混乱和无序的状态，从而导致交易效率低下，甚至引发欺诈和诈骗等问题。

另外，网络信誉是社会信用体系建设的重要组成部分。社会信用体系是现代社会治理的重要基础设施，网络信誉是社会信用体系在网络空间的体现。网络诚信建设有助于推动社会信用体系建设的全面发展，提升整个社会的诚信水平。全面提升网络空间的信誉水平，是互联网经济和社会信用体系建设的关键。

建立一个良好的网络企业、产品、服务以及个人信用记录和评价机制，对违法、损害他人权益的网络行为采取惩戒措施，十分利于网络诚信体系建设。例如，构建信用记录库，建立网络企业、产品、服务及个人的信用信息记录库，记录其在网络活动中的各项信用状况，为信用评价提供全面准确的信息基础。制定网络诚信与信用评价的技术标准，如信息安全级别、服务响应时长和交易完成率等量化指标，并按不同网络主体设定差异化的评价标准。

建立网络信用评价机制，还要囊括多方信息。网络信用评价应综合考虑用户评价、行业评价和监管评价等多方信息，通过大数据分析形成客观公正的评价结果。对网络信用信息应遵循信息披露的原则，向用户开放，但不得用于个体歧视等用途。用户可以基于信息自行判断选择网络产品或服务。

此外，还要建立约束机制，保障上诉权利。针对信用记录与评价情况较差的网络主体，应实施包括增加订金、限制经营等在内的监管措施，以促进整个行业诚信水平的提高，并推动“卡脖子”企业的有序退出。建立网络信用评价的复核机制，网络主体可以就评价结果提出异议并申请复核，复核程序应严格规范与公正透明。这可以在一定程度上避免评价结果的误判。

（五）健全网络社会管理

在网络社会治理的实践过程中，治理体系“结构”的建构完善，支撑着各项治理“功能”的有效发挥；而“治理功能”方面新的诉求，又将触动“治理体系结构”的调整变动；得以优化调整的“新的治理体系结构”，又将可以为新一轮的“治理功能呈现”提供支撑和保障。[①] 所以健全网络社会治理，要对网络关系产权、网络财产、网络知识产权和网络交往规则等方面进行规范，并在网络社会形态不断发展的过程中提供管理与服务保障。具体办法如下。

第一，网络财产管理。如网络虚拟财产的产权确认、网络交易资金监督等，要明确网络财产的产权归属与流转规则，规范网络交易行为，保护网民资金安全。

第二，网络关系管理。如网上签约、网络侵权行为认定等，要在网络社交、交易和协作等新形态下确认各方权利义务，明晰责任主体，这需要制定网络关系管理的规范与标准。

第三，网络知识管理。要明确网络知识的产权及其合法使用范围，如网络著作权保护期限与复制使用规定等，促进网络知识的生产与流通，实现知识创新由管理驱动转换为市场驱动。

第四，隐私信息管理。要在推进网络产业发展与利用大数据的同时，对个人敏感信息进行分类管理与严格保护，在信息使用中实现个人知情与同意，这需要不断强化社会对信息安全的认知。

---

① 李一、郅玉玲：《网络社会治理体系建构完善的内涵、原则和目标要求》，《治理研究》2022 年第 2 期。

第五，网络使用规范。在公共场合或特定群体中制定网络使用规范，如在线教室网络行为规范等，这有利于引导网民合理、有序地参与网络活动，需要政府引导与行业配合。

第六，加强跨境管理。要在全球范围内推动数据使用统一标准与隐私保护规则的制定，管控全球网络企业对本国公民信息的收集与利用，同时也为本国企业的全球化运营提供制度保障。这需要加强国际交流与合作。

（六）参与国际网络治理

积极参与联合国组织、相关组织及有关国际网络机构的网络治理讨论，进一步推动网络管理规则国际化。在全球范围内，应统一网络安全标准和数据使用规范，提高我国在全球网络治理中的制度话语权，从而展现我们国家的综合实力与智慧。具体可以从以下几个方面展开。

首先，跟踪国际前沿规则，推动全球规则设定。跟踪网络安全、数据管理和人工智能等前沿技术发展与管理规则的制定情况，参与讨论并表达我国立场与主张，这需要建立国际网络治理研究机构与专家队伍。在联合国、经济合作组织等国际组织为主导或重要成员的工作机制中推动我国提出的规则方案，如数据安全管理规则、网络知识产权保护规则等，扩大我国在全球网络治理规则制定中的话语权。

其次，要加强双边及多边合作，营造共识氛围。同其他国家开展网络管理制度交流与经验分享，在区域合作框架内探讨网络安全合作机制，并推动在已有合作基础上达成数据管理等方面的立法统一协议，这是实现全球网络治理的关键路径。加强网络管理理念与国际实践案例的宣传，引导社会各界理解全球网络治理规则的必要性与迫切性，这有利于国内外政策协调一致并推动规则实施。

再次，要积极参与国际执法合作。在打击网络犯罪等领域开展跨境执法与情报交流，同时推动缔结相关国际公约，这需要完善我国相关法律法规并健全执法技术手段与渠道。

最后，在全球网络治理进程中，要坚持以国家主权为核心的立场，网络企业跨境运营或数据流转不得损害国家安全与公民利益。这需要在开放中坚持底线，在合作中扩大发言权，不断提高我国在全球网络治理中的制度影响力。

第二节　网络文明建设的巨大价值

网络文明建设不仅能够塑造积极向上的网络空间，促进信息的自由流通和知识的共享，还能够加强人与人之间的沟通与理解，满足人民对美好生活的向往，推动社会的进步与发展。网络文明建设能够提升网络环境的质量，保障网络安全，减少网络犯罪和不良信息的传播，从而维护社会和谐稳定。同时，网络文明建设还能够促进文化的传承与创新，丰富人们的精神生活，提高国民的整体素质。因此，加强网络文明建设对于社会的繁荣和发展具有深远的意义。

一、根本价值：满足人民对美好生活的向往

中共中央办公厅、国务院办公厅在印发的《关于加强网络文明建设的意见》中指出："加强网络文明建设，是推进社会主义精神文明建设、提高社会文明程度的必然要求，是适应社会主要矛盾变化、满足人民对美好生活向往的迫切需要，是加快建设网络强国、全面建设社会主义现代化国家的重要任

务。"[①] 满足人民对美好生活向往，实现网络文明建设的根本价值，可以从以下几个方面切入。

（一）发挥人民的主体作用和首创精神

人民在网络文明建设中发挥主体作用，需要政府转变管理理念，建立开放和包容的政策环境。人民是网络文明建设的创造力量和直接受益者，要充分发挥人民的主观能动性，鼓励人民参与网络社会建设与管理，提出意见和需求，促进管理机制更加贴近人民期待。

人民群众在历史上展现出草根创新和创业精神，我们要把这种创新和创业精神作为我国创新驱动发展战略的重要源泉。要鼓励人民发扬创新精神，在网络技术研发、应用场景探索和商业模式创新等方面大胆试验，不断拓展网络技术在生产生活的应用边界。

推动管理变革，要听取人民意见，支持人民创新实践，为人民创业创新活动创造公平机会，并在这种实践活动中发现人民智慧，推动管理变革与机制创新。

（二）通过网络文明建设增强人民群众的获得感、幸福感和安全感

要为人民群众持续提供丰富多彩的高品质网络服务和产品，不断拓宽人民群众参与网络文明建设的渠道，切实增强人民群众的网络获得感；要让人民群众在广泛参与网络文明建设的过程中感受到信息交流便捷、知识创新加速、经济效益提升、生活品质提高，切实增强人民群众的网络幸福感；要通过树立网络底线思维、健全网络法律法规、加强积极价值引领等措施营造清

---

① 中共黑龙江省委党校：《新时代网络文明的理念与建设》，https://baijiahao.baidu.com/s?id=1744273580027381322&wfr=spider&for=pc，访问日期：2023 年 8 月 1 日。

朗网络空间，切实增强人民群众的网络安全感。[①]

人民群众通过网络获取信息、学习知识、处理事务和交往娱乐，这满足了人们的精神需求和知识需求，提高了生活便利性，增强了人们的获得感。要推动网络基础设施建设，就要丰富网络产品与服务，拓展网络应用场景，让更多人共享网络红利，可以持续增强人民群众的获得感。

人民群众的幸福感来自与他人的情感交流和价值认同。要推动家庭、学校、企业和社会组织，利用网络平台加强人与人之间的交流互动，可以增强人民群众的幸福感。

实现网络安全是人民群众网络信任的基础，有利于人们安心工作、学习和生活。要完善网络法律法规，打击网络欺诈等犯罪行为，严厉处罚网络侵害行为。要加强网络监测和防护体系建设，提高网络安全防护技术与管理能力，可以增强人民群众的安全感。

（三）通过网络文明建设维护好人民根本利益，共享发展成果

人民群众是发展的主体，也是发展的最大受益者。发展必须为了人民、依靠人民，才能取得成功。因此，网络发展成果必须由人民共享，才能不断激发人民推动网络文明建设的积极性、主动性和创造性。[②]为了让人民群众更好地享受到科技发展的成果，要注意以下三个方面。

第一，缩小数字鸿沟，加强网络基础设施建设，提高网络覆盖率和网络速度，优化网络服务质量，确保人民群众能够稳定、快速地接入网络，享受网络带来的便利服务。还要推动网络产业发展，催生就业机会，让更多人从

① 甄文东：《新时代新征程网络文明建设的价值意蕴和实践导向》，https://m.gmw.cn/baijia/2022-12/31/36271546.html，访问日期：2023 年 8 月 1 日。

② 同上。

中受益。

第二，建立公平竞争的市场环境，不断丰富网络产品与服务种类，推广各类数字化服务，如电子政务、在线教育、远程医疗等，使人民群众能够便捷地获取公共服务，使人民群众有更多选择与获得。

第三，在网络文明建设中谋民生之利，解民生之忧，大力提升人民群众幸福指数，提高生活便利性。建立完善的网络安全体系，加强网络安全监管，保护人民群众的网络安全和隐私，让他们在网络空间中更加安心、自由地活动。以网络文明建设的实际成效赢得人民群众的信任和支持，进一步加强网络安全保障和监管，确保人民群众在网络空间中的权益和安全。

二、核心价值：全面建成社会主义现代化强国、实现中华民族伟大复兴

习近平总书记对网络安全和信息化工作作出重要指示指出，要"大力推动网信事业高质量发展，以网络强国建设新成效为全面建设社会主义现代化国家、全面推进中华民族伟大复兴作出新贡献"[①]。实现中华民族伟大复兴要锲而不舍、一以贯之抓好社会主义精神文明建设。而网络文明建设的核心价值，同样是全面建成社会主义现代化强国、实现中华民族伟大复兴。

（一）着眼经济社会发展大局，加强网络文明建设统筹谋划

为实现网络文明建设的核心价值，要着眼经济社会发展大局，加强网络文明建设的统筹谋划不松懈。要坚持系统观念，将网络文明建设作为建设现

① 新华社：《习近平对网络安全和信息化工作作出重要指示强调 大力推动网信事业高质量发展》，《北京青年报》，2023 年 7 月 16 日，第 3 版。

代化社会主义强国的“助推剂”和“强心针”[①]，激活社会主义现代化建设各领域的源动力，为社会主义各项强国事业赋能添力。

研究数字经济、网络产业与实体经济深度融合发展的路径，发挥网络在创新驱动发展战略中的关键支撑作用。在产业政策、市场监管和社会管理等方面，研究网络技术如何推动机制创新和效能提升，并在实践中不断总结和改进。调动社会各主体参与网络文明建设与应用的积极性，形成网络文明建设的合力。要建立统一监测预警与应急响应机制，健全网络安全法律法规体系，加强技术手段与管理能力建设，确保国家关键信息基础设施安全。

（二）着眼网络文明建设现实，努力开创新局面

科学面对新情况、新问题和新挑战，努力开创新局面不松懈。当前，机遇、挑战和风险并存，必须坚持问题导向，强化创新驱动、改革推动、融合带动，深入实施创新驱动发展战略，找准定位和着力点、突破口，攻破“卡脖子”技术难关，[②]不断增强我国信息产业核心竞争力和应对风险挑战的能力。

直面技术变革与社会发展带来的新情况新问题，通过管理创新、技术创新和安全保障等持续努力，开创网络文明建设的新局面。这是一个长期的实践探索过程，需要根据网络发展现状不断总结经验、优化路径和完善系统。

加强主流媒体和舆论引导能力建设，培育一批适应网络传播特征的新型主流媒体与自媒体。实施积极的网上新闻舆论宣传，加强网上主题宣传教育。加快构建具有强大影响力的中国网络文化产业体系。在传播领域还要着眼于网络意识形态新阵地，掌握舆论引导主动权，巩固和提升网络空间话语权。

① 甄文东：《新时代新征程网络文明建设的价值意蕴和实践导向》，https://m.gmw.cn/baijia/2022-12/31/36271546.html，访问日期：2023 年 8 月 1 日。

② 同上。

加大对网络谣言和有害信息的整治力度，开展网上舆论监测与引导。加强主流网站平台建设，扩大正面舆论的传播影响力；支持和扶持一批有影响力的网红、自媒体和公众号等，发挥他们在网络舆论场中的引导作用。

同时，深入贯彻习近平新时代中国特色社会主义思想，运用网络技术拓展马克思主义理论宣传教育的广度和深度，巩固党在意识形态领域的指导地位。

开创新局面，要加强海外社交网络平台和中国话语体系建设，传播中国声音；加强中外人文交流，增进中外网民之间的理解与友好；建立健全反制网络谣言和抹黑的机制，维护国家形象与利益。

三、世界价值：推动构建人类命运共同体、创造人类文明新形态

网络“缩小”了世界的空间，拉近了各国的距离，让世界变成了“地球村”，推动国际社会越来越成为你中有我、我中有你的命运共同体。中国既是国际网络空间和平的建设者，也是全球互联网发展的重要受益者、发展的贡献者、秩序的维护者。因此，推进网络文明建设，深化网络空间国际合作，携手构建网络空间命运共同体，让网络发展成果更好造福人类，是中国推动构建人类命运共同体、不断丰富和发展人类文明新形态的重要依托。[①]

（一）积极参与国际网络空间治理，为国际社会提供更多公共产品

为了更好地实现网络文明建设的世界价值，要积极融入全球互联网治理体系，积极参与国际网络空间治理要深化网络空间国际对话与交流，为国际

① 甄文东：《新时代新征程网络文明建设的价值意蕴和实践导向》，https://m.gmw.cn/baijia/2022-12/31/36271546.html，访问日期：2023 年 8 月 1 日。

社会提供中国网络文明建设的丰富经验和应对网络挑战的中国方案。例如，推动“一带一路”数字丝绸之路建设，加强与发展中国家在数字基础设施建设方面的合作。加大对外开放，支持互联网企业走出去，促进数字经济全球化。

积极推动电子商务、5G标准等在全球范围内的规模应用，带动新技术革命与产业变革；发挥人工智能、大数据等技术优势，加强与国际社会在网络教育、医疗、扶贫等领域的合作与交流，推动这些技术进一步惠及全人类；提供全球变化相关数据、模型与工具支持，助力人类更好应对气候变化等全球性挑战。

另外，加强中外网络文化产业融合发展，共同拓展新兴文化形式与产业机会；运用新技术丰富中外人文交流的形式与内容。以卓有成效的网络文明建设成就赢得国际网络空间的主动权和话语权。

（二）促进国际网络技术合作，携手构建网络空间命运共同体

为携手构建和平、安全、有序的网络空间命运共同体，要积极开展国际网络技术联合攻关，联合应对网络中所涵盖的风险和挑战，着力推动全球网络基础设施建设，更好地造福人类社会和各国人民。

一方面，我们可以加强同发达国家在网络技术、产业发展和治理规则等方面的交流与合作；另一方面，还可以加强同发展中国家在网络能力建设，同步实现彼此间的互联互通，进而增加合作双方的信息科技交流；推动构建开放共享的全球战略网络伙伴关系；加强全球网络空间治理合作，一起推动完成构建人类命运共同体的伟大使命，同时联合应对在全球网络战略下的风险与挑战。

（三）推动国际网络文化交流，促进不同文明的交流互鉴

推动国际网络文化交流并促进不同文明的交流互鉴是一个多层次、多维度的复杂任务。首先，我们需要建立一个多元包容的网络文化环境，以此来促进网络文化产品和服务的出口。然后，要关注发展中国家和地区的文化需求和发展，避免文化单一化和文化霸权。倡导公平、公正的网络文化交流秩序，反对文化殖民和文化侵略。培养具有全球视野和跨文化沟通能力的人才，为未来国际网络文化交流提供智力支持。

国际网络文化交流平台的搭建，不仅可以推动网络文化在交流互鉴中取长补短，还能实现各国文化的创新与发展。同时可以将国际文化交流当作一种契机，积极打造我国话语体系、叙事体系和国际传播体系，向世界讲好中国故事，展现中国形象。以此来不断增强中国网络文化在世界范围内的影响力。

第三节　网络文明建设的战略方向

中共中央办公厅、国务院办公厅于2021年9月印发的《关于加强网络文明建设的意见》中，要求加强网络空间的思想引领、文化培育、道德建设、行为规范、生态治理和文明创建。[①] 该文件为网络文明建设树立了一个明确的方向性指引。基于此，本节将思想引领、文化培育、道德建设、行为规范、生态治理和文明创建作为网络文明建设的战略方向分别予以阐述。

这里需要强调的是，网络文明建设是本节的重点内容之一，而把握网络文明建设的战略方向则是重中之重。因此，这部分内容将充分展开，全面深入地阐述这一主题，并给出具体的途径和方法。

① 详见：《关于加强网络文明建设的意见》。

一、加强网络空间的思想引领

加强网络空间思想引领是网络文明建设的重要战略方向之一，需要从多个方面进行深入推进，包括正确引导网络内容建设、加强重点平台建设、精心做好重大主题宣传和深入推进媒体融合发展等。只有不断加强网络空间思想引领，才能推动网络空间的健康发展，提高社会文明素质，进一步推动中国特色社会主义事业的发展。

（一）加强习近平新时代中国特色社会主义思想教育

习近平新时代中国特色社会主义思想是中国共产党在新的历史条件下的理论创新成果，是中国共产党的指导思想和行动纲领，也是我们国家和人民前进的根本指南。在当前信息化时代，网络空间的重要性越来越凸显，网络内容建设也成了网络空间治理的重要方面。因此，要以新时代中国特色社会主义思想统领网络内容建设，坚持正确的政治方向和价值导向，紧密围绕习近平新时代中国特色社会主义思想，推动网络媒体做出更多更好的贡献，为推动中华民族伟大复兴和建设网络强国作出积极的贡献。

网络空间的安全问题是当前网络治理的重点，而习近平新时代中国特色社会主义思想强调了国家安全和人民安全的重要性，提出了“全面国家安全观”和“人民安全至上”的理念。要加强对网络安全的重视，加强网络安全法律法规的制定和执行，打击网络违法犯罪，保障网络空间的安全稳定，维护国家和人民的安全利益。

在当前信息化时代，网络媒体已成为广大民众获取信息、表达意见和交流思想的重要渠道。习近平新时代中国特色社会主义思想强调了社会主义核心价值观的重要性，弘扬了中华优秀传统文化，倡导了社会主义道德和法治精神。要加强社会主义核心价值观的宣传和普及，引导广大网民树立正确的价值观，传递正能量，营造和谐、文明和健康的网络环境。

习近平新时代中国特色社会主义思想提出了实现中华民族伟大复兴的宏伟目标，明确了新时代推进国家和人民事业发展的总体要求和战略方针，强调了创新发展和高质量发展的重要性。要加强对国家和人民事业发展的宣传和引导，推动网络媒体成为服务国家和人民的重要力量，激发广大网民的爱国热情和民族自豪感，凝聚起推动国家和人民事业发展的强大合力。

网络文化建设是网络空间治理的重要方面，也是网络空间文明建设的重要组成部分。习近平新时代中国特色社会主义思想强调了文化自信和文化创新的重要性，倡导了崇尚科学、崇尚精神文明和崇尚人民的网络文化。要加强对网络文化建设的引导和规范，促进网络文化的多元化、良性发展，推动网络文化建设与时俱进、创新发展，打造具有中国特色、世界一流水平的网络文化。

（二）加强建设重点理论网站、公众账号和客户端等网络平台

重点理论网站、公众账号和客户端等网络平台是网络空间思想引领的重要载体，也是网民获取信息和了解政策的重要渠道。加强这些平台的建设，既可以增强宣传效果，也可以提高网民获取信息的质量和效率，进而更好地推动网络空间思想引领的深入实施。

针对不同群体和不同主题，有针对性地开展网上理论宣传活动，可以更好地宣传和普及党的路线方针政策，推动民族精神和中华优秀传统文化的传承和弘扬，引导网民树立正确的价值观，增强爱国主义、集体主义和社会主义意识等，促进社会和谐稳定和民族团结进步。具体而言，可以通过开展网络主题宣传、开设网上理论研讨会和推出网络理论专栏等方式，加强网上理论宣传活动的开展。同时，可以借助重点理论网站、公众账号和客户端等网

络平台，加大宣传力度和深度，提高信息传播的覆盖范围和影响力。此外，可以通过多种形式和手段，如短视频、直播和图文并茂等方式，提升网络宣传的形式和吸引力，更好地吸引和引导网民参与。

利用重点理论网站、公众账号和客户端进行有针对性地理论宣传活动，需要注重以下几点。

第一，要注重理论研究和创新，及时反映党和国家的最新理论成果和政策动态。同时，还需要注重对当前热点问题和关键领域进行深入分析和研究，提供更有针对性和实效性的理论服务。

第二，要注重质量和可信度，把握好理论宣传的基调和节奏，避免虚假信息和低俗内容的传播。要加强对作者和内容的审核，确保发布的内容符合政策要求和学术规范，提高内容的权威性和可信度。

第三，要注重与网民的互动和反馈，建立起良好的互动机制和反馈渠道。通过开展在线问答、意见征集和在线投票等活动，及时了解网民的意见和反馈，改善宣传策略和内容，优化宣传效果和提高参与度。

第四，要注重与其他相关部门和机构的合作和联动。通过建立起政府、企业和媒体等多方合作的机制，协同推动网络空间思想引领的深入实施，更好地宣传和推广党的路线方针政策，增强网民对党和政府的信任和支持，推动社会和谐稳定和民族团结进步。

（三）努力开展好网络传播工作

随着互联网的发展和普及，网络成了人们获取信息、交流思想和表达意见的重要途径，网络传播也成了影响社会舆论和思想观念的重要手段。在这种背景下，精心做好网上重大主题宣传，打造“现象级”传播产品，对于推动党和政府的形象宣传、推动理论宣传和提升网络传播的影响力和效果，都具有非常重要的意义。

一方面，精心做好网上重大主题宣传是推动党和政府形象宣传的重要手段。网上重大主题宣传是指在重大节日、重大事件和重大活动等重大主题背景下，通过网络平台开展宣传活动，弘扬中华民族优秀传统文化，展现中国特色社会主义的魅力。通过精心策划、有针对性地开展宣传活动，可以更好地推动党和政府形象的宣传，提高党和政府的社会形象和声誉。

另一方面，打造“现象级”传播产品是提升网络传播影响力和效果的关键。“现象级”传播产品是指在网络上引起广泛关注和传播的优秀作品，如优秀的短视频、微博和微信文章等。要根据不同的主题和传播目标，确定传播策略和宣传方案，充分发挥网络传播的优势和特点，创新形式和内容，提升传播效果和影响力。除了注重策划和创新，打造“现象级”传播产品也需要注重创新和实效，充分考虑网民的需求和兴趣，提供更有价值和有意义的内容，吸引网民的关注和参与。可以通过挖掘优秀的故事、人物和事件等，打造具有感染力的宣传内容，从而引起网民的共鸣和广泛关注。

（四）深入推进媒体融合发展

媒体融合发展是指利用信息技术将传统媒体与新兴媒体有机结合，只有形成全媒体、多平台和多样化的媒体格局，才能满足人民群众日益增长的多元化、个性化和跨平台的信息需求。

推进媒体融合发展，需要建设全媒体平台，实现线上线下、新闻资讯、文化娱乐和社交互动等多元化内容的融合，让用户可以随时随地、多渠道地获取信息和服务。实现全媒体平台的建设可以从以下几个方面切入。

第一，技术支持。通过信息技术的应用，实现跨媒体、跨平台和跨终端的融合，建立起互联网、移动互联网和物联网的技术支持体系，为全媒体平台的建设提供技术保障。

第二，内容整合。通过与传统媒体的合作，整合传统媒体与中央和地方主要新闻单位、重点新闻网站等主流媒体移动端新媒体的内容资源，打破界限，并在信息共享过程中提高信息的质量和效率。

第三，用户体验。通过用户画像、个性化推荐等手段，为用户提供更加贴近需求的信息服务，提高用户的满意度和忠诚度，实现用户价值的最大化。

实施移动优先战略，是指将移动终端作为新闻传播的主要终端，以手机为核心，以App、微信、微博等移动应用为主要渠道，为用户提供更加便捷、快速和个性化的信息服务。实施移动优先战略需要从以下几个方面切入。

第一，优化移动阅读体验。通过优化移动应用的界面设计、交互方式和内容展示等方面，打造智能阅读体验，提高用户的黏性和忠诚度。

第二，引导用户参与互动。通过社交互动、用户评论和用户参与等方式，引导用户参与信息传播和互动，提高用户的参与度和体验感。

第三，推广移动应用。通过广告投放、社交媒体营销和搜索引擎优化等方式，推广移动应用，提高移动应用的下载量和活跃用户数。

第四，提高移动安全性。通过加强移动应用的安全性和隐私保护，提高用户对移动应用的信任度和使用安全性。

二、加强网络空间的文化培育

加强网络空间文化培育是网络文明建设的重要方向之一，需要通过多种手段和途径加以实现。首先要引导广大网民树立正确的价值观和文化观，深入开展线上党史学习教育，推广和传承中华优秀传统文化，丰富优质网络文化产品供给，提高网络公共文化服务水平，从而推动网络文化建设，促进网络文化的健康发展和繁荣。

（一）树立正确的价值观和文化观

引导广大网民树立正确的价值观和文化观要以社会主义核心价值观为引领，因为这是网络文化培育建设中的重要手段。我们可以通过深入开展线上党史学习教育活动，传播党的历史和光辉业绩，弘扬党和人民在奋斗中形成的伟大精神，旗帜鲜明地反对历史虚无主义，从而引导广大网民树立正确的历史观和文化观。

同时，加强网络空间文化培育，还可以通过网络媒体、社交媒体等渠道进行宣传和弘扬，从而带领广大网民树立正确的价值观和人生观，营造崇德向善、爱国爱民和诚信友善的文化氛围。

另外，还要充分发挥传播媒介的强大作用。不断通过广泛凝聚新闻网站、商业平台等传播媒介，把社会主义核心价值观传递到广大网民的心中、深入到社会的各个方面。

（二）开展线上党史学习教育

深入开展线上党史学习教育也是加强网络空间文化培育的重要内容之一。通过线上党史学习教育，可以传播我们党在革命、建设和改革开放各个历史时期所取得的伟大成就，同时还可以充分利用现代科技手段，创新学习方式方法，确保党员能够方便快捷地学习到党史知识，提高党性修养和政治觉悟。

首先，我们可以建立线上学习平台，利用在线教育平台上传党史相关的课件、视频、音频等学习资源，供党员学习。同时可以邀请党史专家、学者进行线上直播授课，通过实时互动的方式，让党员能够更深入地理解和掌握党史知识。还可以利用互联网络设立线上讨论区，鼓励党员发表自己的观点和看法，进行交流和互动，增强学习效果，以此来增进党员之间的团结和友谊。

其次，还可以在线上制订学习计划、建立考核机制，利用互联网平台制订一个详细的党史学习教育计划，包括学习的时间、内容、方式等，确保党员能够有计划、有步骤地进行学习。而线上考核机制的设立，是对党员的学习成果进行的检验和评估。这不仅可以激发党员的学习动力，还可以确保学习效果。

总之，线上学习教育的方式是多种多样的，这种方式不仅便捷，同时也是今后发展的方向。例如微博、微信等社交媒体平台，今后都将成为发布党史学习教育以及相关内容信息的手段，可以让广大党员能够随时随地了解、学习我党的相关理论及政策。

（三）打造特色品牌活动和原创精品

中华优秀传统文化是中华民族的瑰宝，是中华文化的重要组成部分，通过打造广大网民喜闻乐见的特色品牌活动和原创精品，推动中华优秀传统文化创造性转化、创新性发展。

中国的传统文化博大精深，有很多值得挖掘的元素。想要深入挖掘中国传统文化，可以从诗词、书画、音乐、舞蹈、戏曲、民间故事等方面入手，将这些元素融入品牌活动和原创精品中，打造出具有中国特色的品牌形象。在传承传统文化的同时，我们也要结合现代审美和科技手段，让传统文化与现代元素相结合，形成独特的品牌风格。例如，可以利用虚拟现实、增强现实等科技手段，打造出沉浸式的文化体验活动，让观众能够更深入地了解中国传统文化。

除了上述方式和内容，线上品牌活动和原创精品最为重视的是用户体验和互动。如何让观众能够参与其中，感受到品牌的温度？我们可以通过线上直播、互动问答、抽奖等方式，增强观众的参与感和黏性，从而提高品牌的影响力和知名度。同时，线上品牌的活动和原创精品需要持续创新和优化，不断推陈出新，满足观众的需求和期望。只有这样才能提高品牌的竞争力和吸引力，打造出具有独特魅力和影响力的线上品牌。

（四）丰富优质网络文化产品供给

要想在互联网上打造出丰富优质的网络文化产品，首先，我们要明确目标受众，了解他们的兴趣、需求和习惯，以便为他们提供有吸引力的内容。其次，就是要注重产品的原创性，一个独特的网络文化产品，原创性至关重要，因为一个好的产品是独一无二的，是有创作灵魂的。最后，在产品的制作过程中，要注重细节和质量。无论是文字、图像、音频还是视频，都应保持高水准的专业制作。还要确保产品的内容和分发方式符合相关法律法规，尊重知识产权和他人权益。

另外，要积极与其他领域的优秀创作者或品牌进行合作，共同打造更具吸引力的网络文化产品。这不仅可以拓宽资源渠道，还能增加产品的多样性。同时鼓励用户积极参与互动，如评论、分享、点赞等。并积极收集用户反馈，及时调整和优化产品。随着市场和用户需求的不断变化，持续更新和迭代产品才有助于保持产品的竞争力和活力。

总的来说，通过以上方式，我们才可以在互联网上打造出丰富优质的网络文化产品，吸引更多用户的关注和喜爱。

（五）提升网络公共文化服务水平

随着公众对文化需求开始日益增高，很多人已经开始从“缺不缺、够不够”升级为“好不好、精不精”。目前，我们的现代公共文化服务供给与这些新需求之间还存在一定距离。[①] 城乡之间的公共文化服务发展水平还存在较大差距、公共文化产品和服务品质还有待进一步提升。

如何提升网络公共文化服务水平，我们具体可以从两方面来展开。一方面，通过数字化国有文化资源，如博物馆、图书馆和档案馆等，将其纳入网络平台，提高文化资源的普及和可获取性，让广大网民能够随时随地了解和接触到文化资源，促进文化知识的传承和交流。另一方面，通过推动网络公共文化服务，如数字图书馆、数字文化馆等，提高网络公共文化服务的供给水平和质量，让广大网民能够充分享受网络公共文化服务。

如何打造高质量发展现代公共文化服务，首先需要树立坚持追求美好和善良的审美取向。同时建立优质、完善、个性化和具有审美价值的公共文化服务体系，从而调动广大人民群众的热情，使其能够积极参与并沉浸于文化的魅力之中，进而全面提升人民的生活品质。与此同时，我们要全力打造创新型的公共文化空间场所，重视人们参与和体验的重要性，提升公共文化空间的品质，滋养人民群众的人文情感，进一步提高公共文化服务的效能。

推动现代化公共文化服务工作高质量发展，是实现国家治理体系和治理能力现代化的必然需求。只有坚持以人民为中心，高水平打造现代化公共文化服务体系，全面提升公共文化服务水平，才能持续满足新时代人民群众在精神文化上的需求，不断充实人民群众的精神世界，加强人民的精神力量，为全面建设社会主义现代化国家提供坚实支撑。

---

① 光明日报:《全面提升公共文化服务水平 推进公共文化高质量发展》，https://www.bjwmb.gov.cn/pinglun/10007677.html，访问日期：2023 年 8 月 1 日。

三、加强网络空间的道德建设

《关于加强网络文明建设的意见》指出："要加强网络空间道德建设。强化网上道德示范引领，广泛开展劳动模范、时代楷模、道德模范、最美人物、身边好人、优秀志愿者等典型案例和事迹网上宣传活动，推动形成崇德向善、见贤思齐的网络文明环境。"[①] 加强网络空间道德建设是推动网络文明建设的重要任务，需要广大网民、互联网企业和平台、国家有关部门等多方共同努力，共同营造崇德向善、见贤思齐的网络文明环境。

（一）网上道德示范引领

通过树立道德榜样，发挥道德模范的示范作用，弘扬中华民族传统美德，可以进一步提升群众性精神文明创建的质量和实效，从而激发全社会向上向善的正能量。网上道德示范引领是加强网络空间道德建设的重要手段，可以通过多种渠道宣传典型案例和事迹，让更多的人了解和学习道德模范，激发社会各界的道德自觉和道德责任感。

通过开展网上征集、评选、投票等活动，引导公众参与道德模范的评选和宣传，让更多的人了解道德模范的事迹和精神，营造崇德向善、见贤思齐的社会氛围。同时，建设网络道德教育平台，推出道德教育课程和活动，引导青少年树立正确的价值观和道德观，从而增强他们的文明素质和道德修养。

（二）网络诚信建设

人无信不立，业无信不兴。诚信是社会发展的基石，而网络诚信也是互联网赖以生存的生命线，是网络空间道德建设的重要内容之一。我们应当通

① 详见：《关于加强网络文明建设的意见》。

过举办形式多样的线上线下品牌活动来大力传播诚信文化，倡导诚实守信的价值理念，鼓励支持互联网企业和平台完善内部诚信规范与机制，从而营造依法办网、诚信用网的良好氛围。

在个体方面来讲，可以通过举办网络诚信主题活动、网络诚信文化展览以及诚信公益宣传等一系列方式，来推广诚信文化，倡导诚信行为，引导广大网民自觉遵守诚信原则，营造诚信的网络环境。

而在企业方面，互联网企业和平台作为社会团体，应当完善内部诚信规范和机制，加强用户信息保护、数据安全管理，杜绝虚假宣传、侵犯用户隐私等不良行为，增强网络诚信建设的实效性和可持续性。

对于政府而言，其作为国家的监管执法机构，更应当加强网络诚信建设的监管执法，并建立健全网络诚信评价和监管机制，同时加强对网络欺诈、虚假宣传和侵犯用户隐私等违法违规行为的查处和处理，切实维护网络市场的公平竞争和用户权益。

诚信是一种基本的道德规范，是人民在社会交往中应该遵守的准则。它不仅关系到个人的名誉和形象，更关系到社会的稳定和发展。在现代社会中个人缺少网络诚信就会缺少社会资本。同样，如果一个企业缺少诚信，那势必会阻碍一个企业的健康发展。所以在网络社会中我们应该遵守承诺、真诚相待、充分尊重他人的权益和感受。时刻牢记诚信的重要性，将其融入日常行为和思想中。

（三）发展网络公益事业

互联网公益事业的发展不仅改变了公益事业的生态环境，也丰富了公益事业的发展模式。发展网络公益事业是网络空间道德建设的重要内容之一，可以通过深入实施网络公益工程来广泛开展形式多样的网络文明志愿服务和网络公益活动，打造网络公益品牌，从而引导广大网民积极参与网络公益事业中来。

首先，我们要树立网络公益品牌项目，利用品牌效应引发社会关注，这也是互联网公益未来发展的主要方向。通过慈善企业发挥品牌优势，利用品牌价值得到社会公众的广泛认可。同时，我们还应该建立专业的网络信息部和新媒体运行部，通过专业的这些部门开展公益事业，并聘请专业化的网络人才，以便适应互联网公益发展趋势，借助互联网平台更好地运行慈善项目。

其次，提高捐助的透明性，慈善企业应全程直播捐助过程，并认真详细标注捐助费用的流向，以获得社会公众的信赖。利用互联网推广获得更多慈善企业和爱心人士的认可，并吸引更多人的关注和参与。此外，还需要创新募捐方式，除了传统的募捐方式，还可以尝试一些创新的募捐方式，如在线募捐、众筹等。因为这些方式可以吸引更多的年轻人参与，从而提高募捐效果。

除此之外，还有很多其他方式，例如，加强与传统慈善企业线上与线下的有效合作、利用社交媒体平台发布慈善项目信息，如开展公益活动、举办慈善晚会等。总之，发展网络公益事业需要多方面的努力和合作。只有不断创新和改进，才能推动网络公益事业持续健康发展。

四、加强网络空间的行为规范

《关于加强网络文明建设的意见》指出：“加强网络空间行为规范。着力提升青少年网络素养，进一步完善政府、学校、家庭、社会相结合的网络素养教育机制。强化网络平台责任，加强网站平台社区规则、用户协议建设，引导网络平台增强国家安全意识。加强互联网行业自律，坚持经济效益和社会效益并重的价值导向，督促互联网企业积极履行社会责任。”[①] 可以看出，加强网络空间行为规范是网络文明建设的重要方向之一，需要从多个方面入手，引导网民遵守相关规范，促进网络空间文明、健康和有序发展。

（一）培育符合社会主义核心价值观的网络伦理和行为规则

培育符合社会主义核心价值观的网络伦理和行为规则，是加强网络空间行为规范的基础。将社会主义核心价值观内化于心、外化于行，需要将正确的道德认知、自觉的道德养成、积极的道德实践紧密结合起来。可以通过各地区各部门结合文明创建工作制定出台符合自身特点的网络文明准则，规范网上用语，把网络文明建设要求融入行业管理规范。

制定网络文明准则方面，要规范网民行为，引导网民在网络空间中树立正确的价值观和行为准则，形成社会主义核心价值观引领网络文化的良好氛围。网络语言是网络文化的重要组成部分，需要规范网上用语，禁止使用低俗、污秽和侮辱性语言，引导网民使用文明用语，保持网络空间的良好秩序。

在上述内容的基础上，要融入行业管理规范。将网络文明建设要求融入行业管理规范，引导互联网企业建立健全的管理体系，加强对网民行为的监管，维护网络空间的健康有序发展。

要善于利用网络平台，在网络互动中传播正能量、弘扬主流价值。要不断创新网络宣传方式方法，发挥教化作用，引导善行义举，让大家特别是青少年在网络空间充分感受社会主义核心价值观的滋养。

① 详见:《关于加强网络文明建设的意见》。

（二）提升青少年网络素养

目前，我国青少年网民急剧增加，共青团中央维护青少年权益部、中国互联网信息中心联合发布《2020年全国未成年人互联网使用情况研究报告》显示，超过三分之一的小学生在学龄前就开始使用互联网，且呈逐年上升趋势。[①] 着力提升青少年网络素养，不仅可以提高青少年正确使用网络和安全防范意识能力，还可以培养未来社会的文明素质和创新能力。

政府、学校、家庭和社会要相结合，共同提升青少年网络素养。政府要组织开展青少年网络素养教育活动，学校要开设网络素养课程，家长要督促孩子正确使用网络，社会要加强网络素养教育普及。

同时，要提高青少年正确用网和安全防范意识能力。青少年需要了解网络的安全风险和应对措施，增强自我保护意识。同时，青少年也需要了解网络的正确用法，养成良好的网络行为习惯。此外，要打造青少年愿听愿看的优秀网络文化产品。青少年喜欢在网络空间中寻找娱乐和知识，需要提供高质量的网络文化产品，引导青少年形成健康的网络文化消费观。

除着力提升青少年网络素养外，还要看到青少年沉迷网络会对身心健康造成不良影响，所以还需要建立健全防范青少年沉迷网络工作机制。例如，制定青少年网络沉迷的防控措施，通过限制网游时间、实名注册等方式，引导青少年合理使用网络，避免沉迷网络。引导青少年参与有益的网络活动，如线上学习、文化体验等，丰富他们的网络生活，减少沉迷网络的可能性。

除此之外，还要注意到网络空间会给青少年带来的危害，所以要依法坚决打击和制止青少年网络欺凌。网络欺凌是青少年沉迷网络的主要原因之一，需要加强对网络欺凌行为的打击和制止，保护青少年在网络空间的合法权益。

---

① 新浪财经:《超1/3小学生在学龄前就开始使用互联网》，https://finance.sina.com.cn/review/mspl/2021-08-17/doc-ikqciyzm1860687.shtml，访问日期：2023年8月1日。

与此同时，要加强青少年心理健康教育。青少年容易受到网络虚拟世界中的影响，需要加强青少年心理健康教育，提高他们的心理承受能力和适应能力。

（三）强化网络平台建设

网络平台在网络空间中扮演着重要的角色，需要强化网络平台的责任意识，加强网站平台社区规则、用户协议建设，引导网络平台增强国家安全意识。具体可以从以下三个方面切入。

第一，加强网络平台的审核和监管。网络平台需要对用户发布的信息进行审核和监管，防止不良信息的传播，维护网络空间的安全和稳定。

第二，制定网络平台社区规则和用户协议。网络平台需要制定社区规则和用户协议，明确用户在平台上的行为准则和权利义务，引导用户遵守相关规则，保护用户的合法权益。

第三，增强网络平台的国家安全意识。网络平台需要增强国家安全意识，积极响应国家的网络安全政策，协助政府打击网络犯罪和网络恐怖主义，维护国家网络安全和社会稳定。

（四）坚持经济效益和社会效益并重的价值导向

互联网行业自律是加强网络空间行为规范的重要途径，需要坚持经济效益和社会效益并重的价值导向，督促互联网企业积极履行社会责任，不仅可以促进企业的可持续发展，同时还能塑造企业的品牌价值，进而推动经济的发展和社会的进步。那些积极履行社会责任的企业，往往还能够获得更多的市场机会和竞争优势。

互联网行业需要加强自律组织建设，制定行业规范和标准，引导互联网企业合规经营，提高整个行业的文明程度和安全性。此外，企业自身要积极推动社会责任落实。互联网企业需要积极履行社会责任，加强对用户信息的保护，维护用户合法权益，推动绿色环保、公益慈善等社会责任落实，提高企业社会形象和公信力。

政府方面要督促互联网企业合规经营。互联网企业自身也需要积极响应国家政策，加强对互联网行业的监督和管理，规范自身经营行为，维护整个行业的健康发展。

（五）发挥行业组织的引导和督促作用

在互联网行业中，行业组织可以充分发挥引导和督促作用，促进行业健康规范发展，所以我们需要鼓励支持各类网络社会组织参与网络文明建设。例如，引导企业遵守相关规范和标准，推动行业健康、规范发展等。可以通过组织行业内部的交流、研讨和培训等活动，增强行业从业人员的规范意识和素养水平，促进行业自律和规范化发展。

鼓励支持各类网络社会组织参与网络文明建设。网络社会组织是网络文明建设的重要力量，需要鼓励和支持各类网络社会组织参与网络文明建设。可以通过为网络社会组织提供必要的资源和支持，鼓励其开展网络文明建设活动，推动网络文明建设的深入发展。

互联网行业组织还需要加强自身建设，提高组织的管理和服务水平，增强组织的凝聚力和影响力。可以通过加强自身建设，提高行业组织的专业性和权威性，引导行业健康发展。同时，互联网行业组织需要推动行业自律规范的建设，制定行业标准和规范，引导行业从业人员规范行为，促进行业的健康发展。可以通过组织行业内部的专家和学者制定行业规范，推动行业自律和规范化发展。

五、加强网络空间的生态治理

加强网络空间生态治理，是我国在网络文明建设中的重要战略方向之一。引导网民自觉遵守网络规范，推动网络空间的健康有序发展也是我们的必由之路。立足网络生态空间这一主流意识形态，通过生产、传播、教育与引领，不断提升社会主义意识形态网络凝聚力与引领力，需要着力探究新时代网络生态治理的实践逻辑，积极着力于创新性实践道路的有效开拓，从而实现提升主流意识形态网络话语权。①

（一）深入开展网络文明引导

深入开展网络文明引导是加强网络空间生态治理的重要方向，也是促进网络文明建设的重要手段。网络文明引导的目的就是要通过各种形式的宣传、教育来引导广大网民自觉遵守网络规范，自觉抵制不良信息、不良网络行为，倡导文明的网络行为和言论。

在网络文明引导中，加强网络文明教育和培训是关键的一环。通过开展网络文明教育和培训，可以提高网民的网络素质，增强网络文明规范意识，增强网民的自我约束和自我管理能力。可以通过开展网络文明知识和技能培训、网络文明公益宣传和网络文明主题活动等形式的网络文明教育和培训。

可以利用重要传统节日、重大节庆和纪念日组织网络文明主题实践活动。这些特殊的时刻给予了网络文明建设一个重要的契机，利用这些节日和纪念日来开展相关主题活动，可以更好地吸引广大网民的参与，增强网络文明意识。例如，利用春节、中秋节等传统节日，组织开展“节日网络文明行动”，

① 张翼：《探索网络生态治理的实践逻辑》，https://m.gmw.cn/baijia/2023-02/21/36381224.html，访问日期：2023 年 8 月 1 日。

倡导文明过节、文明出游和文明消费等。利用“国际网络安全周”“全国法制宣传周”等纪念日，组织开展网络安全、法制宣传活动，增强网民的网络安全意识，提高法律素养。

网络文明建设需要弘扬优秀网络文化，倡导正能量的网络文化，塑造良好的网络文化氛围。可以通过开展网络文化创意大赛、网络文化节等活动来推广优秀网络文化作品和人物，引导网民树立正确的网络文化价值观。同时，也要加强对不良网络文化的抵制和打击，遏制网络文化低俗化、暴力化和恶俗化趋势，维护良好的网络文化生态。

加强网络舆论引导是网络文明建设的重要组成部分，需要加强网络舆论引导，引导公众正确看待网络事件和问题，树立正确的网络舆论导向。可以通过加强舆论监督和引导，强化网络舆论责任和自律，推动网络舆论健康有序发展。在舆论引导方面，建立网络文明宣传平台必不可少，通过各种媒体形式，宣传网络文明理念、倡导网络文明行为。可以通过建立网络文明宣传网站、微信公众号和短视频平台等形式，定期发布网络文明相关的文章、视频和图片等内容，提高网民对网络文明的认识和理解。

网络文明引导，志愿者可以发挥巨大作用。网络文明建设中，广大网民的积极参与和支持是十分必要的，建立网络文明志愿者服务体系，可以更好地发挥网民的主人翁意识。可以通过开展网络文明志愿者招募、培训和活动等形式，引导网民参与网络文明建设，发挥网络文明志愿者在网络文明宣传、监督和引导等方面的作用。

另外，网络文明建设需要各方共同努力，加强跨界合作，协同推进网络文明建设。可以通过加强政府、企业和社会组织等各方的合作，共同开展网络文明建设相关的项目和活动，建立网络文明建设的合作机制，实现网络文明建设的共治共享。

（二）规范网上内容生产和传播流程

规范网上内容生产和传播流程是促进网络空间生态治理和网络内容健康有序发展的重要措施。具体要从加强网络内容生产和传播主体的管理、推进公众账号分级分类管理、建立网络辟谣机制、加强网络内容生产和传播的监管、建立网络内容版权保护机制和推进网络内容诚信建设几方面展开。

第一，加强网络内容生产和传播主体的管理。加强网络内容生产和传播主体的管理是网络生态中的关键因素，包括网络媒体、自媒体和网络平台等，需要加强对其管理。可以通过建立网络内容生产和传播主体的准入制度、审核制度和管理制度等，推动网络内容生产和传播主体的规范化、规范运营。

第二，推进公众账号分级分类管理。公众账号是网络内容生产和传播的重要渠道之一，需要加强对公众账号的管理。可以通过推进公众账号分级分类管理，对不同级别的公众账号实行不同的管理标准和措施，实现公众账号的有效管理和监管。

第三，建立网络辟谣机制。网络谣言和虚假信息传播是网络空间生态治理的重要问题之一，需要建立网络辟谣机制。可以通过建立中国互联网联合辟谣平台，构建全国网络辟谣联动机制，对网络谣言和虚假信息进行及时辟谣和清理，保护网民的合法权益和网络空间的健康有序发展。

第四，加强网络内容生产和传播的监管。网络内容生产和传播需要加强监管，对不良信息和违法信息要进行及时清理和处置。可以通过建立网络内容监管机构，加强对网络内容的监管和处置，对违法信息和不良信息进行打击和治理。

第五，建立网络内容版权保护机制。网络内容版权保护是网络空间生态治理的重要问题之一，需要建立网络内容版权保护机制。可以通过建立网络版权管理机构，加强对网络内容版权的保护和管理，完善网络版权法律法规，加强对网络侵权行为的打击和治理，保障网络内容生产者的合法权益。

第六，推进网络内容诚信建设。网络内容诚信建设是网络空间生态治理的重要方向之一，需要加强对网络内容诚信的建设。可以通过建立网络内容诚信评价机制，对网络内容进行评价和排名，提高网络内容生产和传播的诚信度，倡导诚实守信、遵纪守法的网络行为和言论。

（三）开展专项行动打击违法犯罪

网络安全是国家安全的重要组成部分，在推进网络强国、数字中国建设过程中具有不可替代的基础性、重要性地位。要持续保持对网络攻击类违法犯罪的高压态势，重拳打击利用黑客手段侵入个人、企业信息系统窃取数据，以及危害关键信息基础设施和重要信息系统安全的违法犯罪活动，切实维护网络秩序和广大人民群众的合法权益，坚决维护我国网络空间安全。

目前，网络诈骗、网络侵犯知识产权、网络暴力和淫秽色情、网络赌博、恶意网络攻击等是较高发的网络犯罪模式，所以打击网络犯罪，要从这几方面入手。

第一，网络诈骗犯罪是当前网络空间面临的重大问题之一，要加大对其的打击力度。可以通过加强对网络诈骗犯罪的监测和研判，加强警务宣传，完善预防和打击机制，加大打击力度，维护公民财产安全和社会稳定。

第二，网络侵犯知识产权犯罪是当前网络空间面临的另一个重大问题，需要加大对其的打击力度。可以通过加强知识产权保护的立法和法律实施，完善知识产权保护机制，保障创新驱动发展和知识产权的合法权益。

第三，网络暴力和淫秽色情犯罪是当前网络空间面临的另外两个重大问题，需要加大对其的打击力度。可以通过加强对网络暴力和淫秽色情犯罪的监测和研判，加强警务宣传，完善预防和打击机制，加大打击力度，保护未成年人和公民的身心健康。

近年来，随着“互联网 +”和移动通信的迅速发展，赌博犯罪也“紧跟形势”，由传统的“线下”向“线上”转移，进行着互联网、移动通信与传统赌博的融合。中国裁判文书网显示：自 2014 年法院裁判文书实行上网公布到 2022 年 5 月，已录入全国网络赌博类犯罪案件 11389 件，其中判决认定网络开设赌场 7312 件、占比 64%，网络聚众类赌博 2809 件、占比 25%，以网络赌博为业的赌博犯罪占比 11%。[①] 打击网络赌博犯罪，除了公安部门进一步加大网络监控和打击力度，还可以进一步强化网站的许可备案管理工作；同时积极发动网民的力量，展开检举揭发，扩大打击网络赌博犯罪的覆盖面，维护社会秩序和公共安全。

打击恶意网络攻击和网络安全犯罪，可以通过加强网络安全技术研发和应用，健全网络安全事件监测和应急处置机制，加强网络安全法律法规的制定和实施，保障国家安全和公民信息安全。

（四）健全网络不文明现象举报投诉机制

健全网络不文明现象举报投诉机制是促进网络空间生态治理和网络文明建设的重要措施。可以建立网络不文明现象举报投诉平台，通过建立政府官方网站、手机 App 等渠道来提供网络不文明现象举报投诉的便捷途径，提高举报投诉的效率和准确性。

完善网络不文明现象举报投诉流程是健全网络不文明现象举报投诉机制的另一个重要措施。可以通过明确举报投诉流程、规范举报投诉材料和证据

① 魏云：《网络赌博类犯罪案件办理重难点问题研究》，载贾志宏《检察理论与实践新知》，中国检察出版社，2022 年。

的要求和加强举报投诉的保密和安全措施等来提高举报投诉的可信度和有效性，保障举报人的合法权益。还可以通过建立监督机制、加强反馈机制和公开追踪处理情况等来及时跟进和处理举报投诉，保障举报人的权益。

加强网络不文明现象的监管和处置是健全网络不文明现象举报投诉机制的重要保障。可以通过建立网络不文明现象监管机构来加强对网络不文明现象的监管和处置，对违规行为进行打击和治理，提高网络空间的文明程度和规范化水平。

加强多方合作，形成共治机制的手段也十分必要，通过加强政府、社会组织、网络企业和公众等多方合作来形成共治机制，共同推动网络不文明现象的治理和规范，实现网络空间的健康有序发展。

此外，加强网络文明建设和教育是健全网络不文明现象举报投诉机制的根本之策。可以通过加强网络文明建设和教育来提高公民网络素养和网络道德，弘扬网络正能量，增强公众的文明意识和自我约束能力，减少网络不文明现象的发生。

（五）依法治理网络空间

网络空间是亿万民众共同的精神家园。网络信息干净，网络空间才能清净。依法治理网络空间是建设网络强国、促进网络空间健康有序发展的根本保障。

近年来，随着互联网深度融入经济社会各领域，一方面，广大网民普遍期盼权威准确的网络信息内容；另一方面，网络谣言、网络诈骗、网络暴力等乱象屡禁不止。群众上好网、好上网的需求与网络信息供给的纯洁度，在一定程度上形成张力，理应加大监管、净化、整治力度，构建起良好的网络空间，确保广大网民获得更大的幸福感、安全感。[①]

依法治理网络空间，首先要制定和完善网络安全法律法规。通过加强网络安全法律法规的立法、修订和实施来具体规范网络行为，保障网络安全和公共利益。

其次，建立网络安全保障体系和加强网络空间治理体系建设。要完善网络安全保护机制，同时提高网络安全防护能力和应急响应能力。然后通过建立健全网络空间治理体系来加强网络空间治理的协调和统筹，从而维护好网络安全和公共利益。

除此之外，还要进一步加大网络空间监管和执法力度，强化公众网络法律意识。通过建立网络空间监管机构，继续加强网络空间治理的监督和执法。通过加强网络法律法规宣传和普及，强化公众对网络法律法规的认识和遵守，从而引导公众合法使用网络，自觉维护网络安全和公共利益。

通过综合应用法律、监管、平台和技术等手段，坚决限制各种非法和违规行为，不断提高网络空间治理效能，确保行动有效、打击精准、力度增大、成果持久，最终使网络不良信息无处可逃。

（六）创新开展网络普法活动

法制宣传教育既是提高全民素质、推进依法治国的基本方略，也是建设社会主义法治国家的一项基础性工作。深入开展法制宣传教育是构建社会主义和谐社会的内在要求。随着互联网的发展，普法活动也逐渐走到线上，这对于创新开展普法活动有着重要的意义。

加强网络普法宣传和教育是增强公众法律意识和提升法治素质的重要措

① 人民网:《人民网评：依法治理，使网络空间清朗起来》，https://baijiahao.baidu.com/s?id=1757516368198127155&wfr=spider&for=pc，访问日期：2023 年 8 月 1 日。

施，它可以强化公众对法律的认识及对法律的遵守意识。推广网络普法平台和应用，是增强公众法律意识和提升法治素质的重要手段。可以通过建立健全网络普法平台和应用，提供多样化的普法服务和信息，以便公众获取法律知识和法律服务。

创新网络普法形式和内容，可以通过多种方式进行，如微信公众号、短视频、直播和小游戏等，而创新网络普法形式，则可提高公众的参与度和互动性。同时，可结合社会热点、实际案例来创新网络普法内容。此外，通过加强网络普法与社会管理、公共服务的融合，把普法教育和服务融入社会管理、公共服务中来，也可以更好地满足公众的法律需求。

另外，还可以通过加强网络普法师资队伍的建设，来进一步提高普法人员的素质和能力，增强公众的法律意识和法治素质。为广大人民群众提供更加优质、专业的普法服务。

六、加强网络空间的文明创建

网络空间文明是随着信息网络技术的应用而产生的一种全新的文明形式，它既是社会发展进步的重要体现，也是社会发展的必然。加强网络空间文明创建，促进网络空间健康有序发展，是精神文明建设和塑造核心价值观的重要战略。需要着重引导广大网民自觉遵守，也是我党为实现社会奋斗目标共同努力的必要之举。

（一）推动群众性精神文明创建活动向网上延伸

推动群众性精神文明创建活动向网上延伸，可以充分发挥新时代文明实践中心和县级融媒体中心作用，在新时代文明实践中心和县级融媒体中心设立网络文明创建工作室，组织开展网络文明创建主题活动、网络公益活动和网络志愿服务等，引导广大网民自觉维护网络文明秩序。

加强网民网络文明素养实践教育基地建设，推动基层开展网络文明建设活动，可以为广大网民提供更加便捷的网络文明素养教育和实践机会，提高网民的网络素养和文明素质，增强网民的网络文化自信。

群众性精神文明创建活动还可以通过推动签署网上文明公约、举办网络公益活动和推动基层开展网络文明建设活动展开。例如：通过组织网民签署网上文明公约，倡导道德、礼仪和公德等良好网络行为，引导广大网民自觉遵守网络文明规范和规则，共同维护网络文明秩序，营造良好的网络文化氛围；通过组织网络公益活动，如网络义卖、网络捐赠和网络志愿服务等，引导广大网民自觉参与网络公益事业，树立良好的社会形象和价值观；通过加强基层组织建设，设立网络文明建设小组，组织开展网络文明主题活动、网络文艺演出和网络文明评选等，引导广大网民自觉参与网络文明建设，共同营造和谐美好的网络空间。

推进精神文明创建向线上延伸，要逐渐形成“春风化雨，润物无声”的良好工作格局，进一步汇聚共建文明网络空间的广泛合力。

（二）开展军民共建网络文明活动，促进军政军民团结

开展军民共建网络文明活动，促进军政军民团结，是我国加强网络空间文明创建的重要方向之一。首先，我们可以通过加强军事网站和新媒体平台的建设来提供更加丰富、准确和及时的军事信息，以此来增强广大军民的国防意识和爱国情感，推动军民团结和谐发展。还可以通过开展爱国主义教育、国防教育和军事文化宣传活动，引导广大军民树立正确的国家安全观和国防观，进而增强国家安全和国防意识，提高全民国防素质。

除此之外，还可以通过建设军民共建网络文明宣传平台，促进军政军民互动交流，增强二者之间的交流沟通，加深相互了解和理解，促进军民团结和谐发展。另外在军事网站、新媒体平台等军事宣传媒体上设立军民互动交流栏目，倡导广大军民积极参与军事话题讨论和军民共建活动。

其次，可以通过打造中国网络文明理念宣介平台、经验交流平台、成果展示平台和国际网络文明互鉴平台，提高中国网络文明的国际传播和影响力，促进国际网络文明建设的合作和交流。在军事网站、新媒体平台等军事宣传媒体上建立国际交流合作栏目，开展国际网络文明交流活动，与国际上的同行进行探讨和经验交流，可以进一步促进网络文明建设中的国际合作。

（三）树立良好形象，引导网民遵德守法、文明互动和理性表达

树立“中国好网民”形象，引导广大网民遵德守法、文明互动和理性表达，是加强网络空间文明创建的重要方法。

如何树立良好形象，如何引导网民遵德守法，如何让广大网民实现文明互动和理性表达？首先，我们要从提供优质内容开始。通过分享一些有深度、有见解、有价值的内容，可以正确树立个人或机构的权威性和可信度。内容可以涉及知识分享、经验交流、社会热点解析等，旨在帮助网民提升认知水平和思维能力。同时，加强互动沟通。与网民保持积极互动，倾听他们的声音，了解他们的需求和困惑。在互动中传递尊重、理解和包容，从而引导网民以平和、理性的态度表达观点。

其次，通过设置议程和话题引导，策划和发布具有引导性的议程和话题，引导网民关注社会正能量，参与有益讨论。同时，对负面话题进行正面引导，帮助网民树立正确的价值观和世界观。

最后，挖掘和培养一批有影响力、有社会责任感的意见领袖，让他们成

为引导网民尊德守法、文明互动和理性表达的重要力量。同时，通过强化教育宣传、利用线上线下进行普法教育，进而提升广大网民在法治和道德素质上的意识。从而有效树立良好形象，引导网民遵德守法、文明互动和理性表达，共同营造一个健康、和谐、有序的网络环境。

第五章 网络安全防护与网络文明建设的关系

网络安全问题涉及国家安全、经济发展和社会稳定等方面，现已成为全球性的挑战。在此背景下，国家加强网络安全防护具有重要的现实意义和战略意义。网络安全防护与网络文明建设密不可分，只有在网络文明建设的基础上，才能更好地推进网络安全的防护和保障的实施。网络安全和网络文明建设的协同发展，有助于促进网络安全和网络文明建设的良性互动，推动网络空间的健康有序发展，维护国家安全和人民群众的合法权益。

第一节 网络安全的重要性和紧迫性

网络安全的重要性和紧迫性共同指向一个事实：网络已融入我们的生活，网络安全事件所带来的影响波及范围更加广泛，社会影响力更加深远。因此我们需要重视网络安全问题，并采取有效行动提高网络安全防护水平。

一、网络安全防护的重要性与相应措施

互联网技术的发展，以及信息传播技术的不断进步，给人们的生活带来便利的同时，网络安全事件时有发生。因此建设网络安全防护，维护网络的安全与稳定，对个人、企业、国家、社会、经济、文化乃至网络自身而言都至关重要。我们需要通过防范、检测、响应和恢复等措施，最大限度地降低网络安全带来的威胁，维护个人、企业、国家、社会、经济和文化的利益和安全。

（一）网络安全防护在保护个人隐私和安全方面的作用及相应措施

随着互联网信息平台的交互，个人隐私和安全面临着越来越大的威胁。网络安全防护可以帮助保障个人信息的私密性和完整性，防止个人信息被窃取、篡改、滥用或删除。

网络安全防护可以防止个人信息泄露。个人信息的泄露可能会导致身份信息被窃取，遭受骚扰和诈骗的困扰，甚至会影响到个人的社交生活和职业生涯。网络安全防护可以保障个人隐私，防止信息被他人非法获取和利用。

网络安全防护可以保护个人财产安全不受侵害，避免他人盗取银行卡密码和恶意攻击支付账户等。

网络安全防护可以保障个人隐私和自由，防止个人受到不法分子的网络监控、审查和网络自由限制。

网络安全防护可以促进数字化生活的发展。在数字化时代，越来越多的信息和服务通过网络进行交流和传输，而网络安全防护可以保障数字化生活的安全性，鼓励人们更多地利用网络服务和资源。

在网络安全意识层面，需要加强个人和组织的网络安全意识教育，深化

对网络安全的认识和理解，防范网络攻击和威胁；采用复杂的密码和多因子认证方式，保障个人账户的安全性和可靠性；在使用公共网络时，应当避免泄露个人账户隐私，以防止被他人窃取；在社交网络和在线交流平台上，注意保护个人隐私，避免公开个人敏感信息。

在实际应用方面，要安装和及时更新防火墙等安全软件，及时发现和防范网络攻击和威胁；对个人信息和敏感数据，可以采用加密技术进行保护；关注网络安全事件和网络漏洞，及时更新软件补丁，修复漏洞，防止被黑客利用。

（二）网络安全防护在保障机密信息和业务流程方面的作用及相应措施

网络安全对企业和组织系统尤为重要。一旦网络被攻击，可能会产生机密信息泄露、生产中断和业务停滞等严重后果，甚至会造成企业破产。网络安全防护可以保障企业和组织的机密信息和业务流程的安全，确保业务的连续性和稳定性。

网络安全防护能够防止商业机密泄露。商业机密是企业组织的核心竞争力，如商业计划、研发成果和客户数据等，如果泄露将给企业造成重大损失。网络安全防护可以保障商业机密的安全性和保密性，为企业的正常运行提供有力保障。

网络安全防护可以防止商业信息被篡改、盗用或破坏，从而确保企业的合法经营，维护经济利益不受损失和稳固市场地位。

网络安全防护可以促进企业数字化转型。数字化转型已成了企业发展的重要趋势，而网络安全防护可以保障企业数字化转型的安全性和可靠性，修补和避免数字化转型过程中的安全漏洞和风险。

除了企业自身的安全，客户信息也是企业组织的重要资产之一，如客户姓名、地址和银行账户等，如果客户信息遭到泄露将会影响企业的声誉和信誉，进而影响企业的发展。网络安全防护可以保障客户信息的安全性和隐私性。

为了保护企业、组织的商业信息，除了加强员工网络安全教育和多因子加密商业机密和客户信息，还需要采取以下措施：制定公司网络安全政策，明确公司网络安全的标准和要求，确保员工遵守网络安全规定；限制员工和外部人员对商业机密和客户信息的访问权限，确保只有授权人员可以访问和使用客户信息的权利；加强企业的网络安全程序设置，保护企业网络免受恶意软件和网络攻击的侵害；建立安全备份机制，定期备份商业信息和客户数据，以防止数据丢失和损坏；实施安全审计和监测，定期检查网络系统和设备的安全性和可靠性，及时发现和修复安全漏洞和风险。

（三）网络安全防护在保护国家机密信息和关键基础设施安全方面的作用

网络安全防护是国家安全的重要组成部分。网络安全防护可以帮助国家加强网络防御系统、保护国家机密信息、建设和谐的网络环境和保障关键基础设施的安全，确保国家的发展和社会稳定。以下是网络安全在保障国家安全方面的作用。

第一，防范网络攻击和网络战争。网络攻击和网络战争已经成了现代战争的重要形式之一，网络安全防护可以通过加强国家网络防御能力，防范网络攻击和网络战争的发生，有力地保障国家安全和社会稳定。

第二，保障国家信息安全。国家信息安全是国家安全的重要组成部分，包括政府、军事、经济和科技等方面的信息。网络安全防护可以保障国家信息的安全性和保密性，防止信息被泄露、篡改或破坏，维护国家安全和利益。同时，网络安全防护可以防范情报窃密和间谍活动，保护国家机密和重要信息不被敌对势力获取。

第三，维护社会稳定。网络安全防护在一定程度上可以有效地监管网络环境，防止网络暴力的发生，阻止网络犯罪等违法犯罪行为的泛滥，从而形成良好的网络环境，进一步维护社会稳定和安全。

第四，保障关键基础设施安全。关键基础设施包括电力、交通、通信和金融等方面的基础设施，网络安全可以防止其被恶意攻击和破坏，保障关键基础设施的安全性和稳定性，维护国家的正常运行和发展。

为了切实保障国家网络安全，需要采取以下网络安全防护措施：制定和完善网络安全法律法规，明确网络安全的标准和要求，规范网络安全行为；加强网络安全技术研发和应用，提高国家网络防御能力和安全水平；加强国家对关键基础设施、重要信息系统和网络安全的监管，保障其安全性和可靠性；加强网络安全教育和宣传，深化公众对网络安全的认识和理解，增强国民网络安全意识；加强合作，与国际社会共同应对跨国网络犯罪和恐怖主义等威胁，维护国际网络安全和稳定。

（四）网络安全防护在维护社会秩序和公共安全方面的作用及相应措施

近年来，国家加大对网络暴力、网络犯罪等问题的监管和惩治力度，维护社会秩序和公共安全。2023 年，一份针对全国 3591 名受访者进行的《有关网络暴力认知态度网络调查问卷》显示，有六成受访者经历过网络暴力，近八成受访者认为治理网络暴力迫在眉睫。[①] 与传统违法犯罪不同，网络暴力和网络犯罪等往往针对素不相识的陌生人实施，因此在被害人确认加害者和收集证据等方面存在现实困难，由此产生的维权成本极高。但是，加强网络安

① 澎湃新闻：《依法惩治网暴，营造更清朗有序的网络环境》，https://baijiahao.baidu.com/s?id=1768215512753195884&wfr=spider&for=pc，访问日期：2023 年 8 月 1 日。

全防护，维护网络社会秩序，已经刻不容缓。网络暴力包括网络欺凌、网络谣言和网络诈骗等，给公众的身心健康和社会稳定造成威胁。网络安全防护可以通过加强网络监管、打击网络犯罪，维护社会安全和秩序，主要作用体现在以下方面。

第一，网络安全防护保障公共设施，即银行、交通和通信等方面的设施的安全性和稳定性。

第二，网络安全防护可以保障个人隐私和权利的安全和保护，防止个人信息被非法获取和利用，维护个人权利和尊严。

第三，网络文化已经成了社会文化的重要组成部分，网络安全防护可以保障网络文化的安全性和健康性，防止网络谣言、淫秽色情等不良信息的传播，维护社会文化的健康和发展。

维护社会秩序和公共安全，可以采用以下的具体网络安全防护措施：加强网络管理和监管，打击网络暴力和网络犯罪；加强公众网络安全意识的教育和宣传，增强公众自我保护意识；采用数据加密、访问控制等手段，保护个人隐私和数据安全；建立监督和检查机制，定期对网络安全工作进行检查和评估，发现和解决安全问题，保障社会秩序和公共安全。

（五）网络安全防护在经济领域的作用及相应措施

数字经济作为国家战略发展部署和重要经济活动，有力推动了经济社会发展。安全与发展是相辅相成的，安全是发展的前提，发展是安全的保障。近年来，随着国家对网络安全防护问题的重视，社会影响力较大的网络攻击事件或网络威胁日益减少。在经济领域，做好网络安全防护工作有重要的意义。

在数字化时代下，大量的商业机密和知识产权被存储在计算机网络中，如商业计划、研发成果和客户数据等。网络安全防护可以帮助企业保护这些敏感信息，防止其被窃取或盗用，确保企业的竞争力和市场地位。

网络安全防护可以维护金融系统稳定性。金融行业是经济的重要组成部分，其稳定的系统对经济的发展至关重要。网络安全可以减少金融欺诈、资金窃取和数据篡改等威胁，确保金融市场的公正、透明和稳定，维护金融系统的稳定性。

目前，电子商务已经成了经济发展的重要引擎，安全的网络环境将促进电子商务的发展。网络安全防护可以降低网络犯罪的风险，增强消费者对电子商务的信任感，扩大电子商务的发展规模。

网络的快速发展是一把“双刃剑”。网络安全问题给人们带来威胁的同时，网络威胁促进网络安全防护技术的提升。同时网络安全防护技术的发展为企业和个人创新和发展新技术和新模式提供思路，从而促进经济的发展和技术进步。

为了保障经济安全和发展，不仅需要加强网络安全防护技术的研发和应用、制定网络安全法律法规、加强国际合作，还需要采取以下措施：鼓励和支持网络安全产业的发展，提高网络安全产品的质量和技术水平，为经济发展提供保障；加强国家对关键信息基础设施、重要信息系统和网络安全的监管；加强企业网络安全意识的宣传和教育，增强企业网络安全意识，提高水平；加强企业网络安全管理，建立健全网络安全管理体系，加强对关键信息系统和数据的保护和管理。

（六）网络安全防护在文化领域中的作用及相应措施

网络文化已成为文化建设的重要组成部分。互联网促进知识普及和文化交流，释放了文化发展活力，推动了文化创新创造，丰富了人们精神文化生活，现已成为传播文化的重要途径、提供公共文化服务的重要手段。网络上各种思想文化相互激荡、交锋，如外来文化与本土文化，传统文化与现代文化，主流文化与亚文化等，如何在文化的相互碰撞中确保国家的意识形态安全和政权安全，是文化发展过程中面临的新挑战。在流量盛行的时代浪潮中，网络成为意识形态争奇斗艳的新平台，成为信息时代把握国家安全和发展的命脉。①

在数字化时代，越来越多的文化遗产和知识产权被数字化存储和传输，如艺术品、历史文献、音乐和电影等。网络安全可以保障这些文化遗产和知识产权的完整性。

网络安全防护还可以促进文化交流和创新，如数字化艺术、在线博物馆和虚拟展览等。网络安全防护可以保障这些文化创新的安全性和隐私性，鼓励更多的人参与到文化创新和交流中。

如今，互联网中充斥着大量的不良思想，网络暴力和对立言论层出不穷，对文化领域产生重要的破坏和影响。网络安全防护可以帮助防止网络暴力和对立言论的传播，维护文化多元性和社会稳定性。

网络文化产业已成为文化领域的重要组成部分，网络安全防护可以保障网络文化产业的稳定发展。网络安全防护可以防止盗版、侵权和黑客攻击等威胁，维护网络文化产业的良好秩序和友好的发展环境。

为了保障文化领域的网络安全，可以采取以下措施：制定和完善网络版权法律法规，明确网络版权的保护范围和标准，加强版权保护和打击盗版行为；建立健全数字版权管理机制，包括数字签名技术、数字水印技术等手

① 黑龙江省信访局：《如何把握网络文化安全的重要性》，http://www.hljtyzx.gov.cn/web/article/b9dd5233cf014d81b9e05579d5bdba28;JSESSIONID%3Dabb5d8ff-2532-4b9d-9820-a6b92e6d7ce2，访问日期：2023 年 8 月 1 日。

段，保障数字作品的版权和安全；加强对网络内容的管理和监管，规范网络文化市场秩序，防止淫秽色情、涉黄和违法信息等不良信息的传播；加强公众网络文化安全意识的宣传和教育，引导公众自觉抵制不良信息，营造健康的网络文化环境；建立网络文化安全预警机制，及时监测和预警网络安全风险，采取相应措施防止和化解风险；建立网络文化安全评估机制，对互联网企业、网站和应用程序进行安全评估，及时发现和解决安全问题，保障网络文化安全。

（七）网络自身安全的作用及相应措施

网络自身的安全是指保障网络系统、应用、物理设备、管理和结构的安全，下面分别讨论网络安全防护对其产生的作用，以及相应的具体保障措施。

1. 系统安全

系统安全是指保障网络系统，包括操作系统、数据库和网络服务器等的安全，其直接关系到网络的正常运行和数据的保护。

保障系统安全的措施包括：及时更新系统补丁，修复系统漏洞；强化账号密码管理，设置安全策略，限制非法登录；安装杀毒软件和防火墙等安全软件，防范病毒、木马等恶意入侵；定期进行安全检查和评估，发现和解决安全漏洞。

2. 应用安全

应用安全是指保障网络应用程序包括网站、应用程序和电子邮件等的正常运行，其直接关系到用户的信息安全和隐私保护。

保障应用安全的措施包括：使用安全编程规范，保障应用程序的安全性和稳定性；对用户输入的数据进行有效性验证，防范 SQL 注入、XSS 攻击等漏洞；建立应用程序安全管理制度，定期检查和更新应用程序，及时修复漏洞；加强应用程序的访问控制和权限管理，限制非法访问和操作。

3. 物理设备安全

物理设备安全是指保障网络设备，包括服务器、路由器和交换机等的安全，其直接关系到网络的正常运转和数据的保护。

保障物理安全的措施包括：建立安全的机房和设备管理制度，控制机房的访问和使用权限；安装和加强门禁、监控等物理安全设施，防范非法进入和损毁；加强设备的维护和保养，定期检查设备的完好性和安全性；对设备进行加固和防护，防范物理攻击和破坏。

4. 管理安全

管理安全是指保障网络管理，包括管理人员的素质和管理制度的健全性，其直接关系到网络的管理和运营。

保障管理安全的措施包括：建立健全网络管理制度和安全管理体系，规范网络管理和运营；加强安全意识宣传和教育，增强和培训管理人员的安全意识和技能并完善行为规范，加强安全管理；定期进行安全检查和评估，发现和解决安全问题。

5. 网络结构安全

网络结构安全是指保障网络结构包括网络拓扑、网络拓扑的物理设施、网络协议等的完整，其安全直接关系到网络的通信和数据传输。

保障网络结构安全的措施包括：建立安全的网络拓扑和架构，避免单点故障和攻击；采用安全的网络协议和加密技术，保障数据传输的安全性和可靠性；实施网络隔离和分段，限制不同网络之间的访问和通信；加强网络设备的配置和管理，防范网络攻击和入侵。

二、网络安全的紧迫性与相应措施

网络安全的紧迫性体现在多个方面，包括网络攻击频率和威力的增加、网络犯罪的严重性和危害性深远、网络安全技术水平有待提高等。为了加强网络安全的保障和维护，应采取一系列措施，以有效地提升网络安全的保障和维护能力，保障个人和企业的网络安全，维护社会和经济的稳定和发展。

（一）网络攻击频率和威力的增加的表现和相应措施

网络攻击频率和威力的增加是当前网络安全领域的一个紧迫性问题。网络攻击者利用各种手段对网络进行攻击，从而获取机密信息、破坏网络系统和影响网络服务等，给企业和个人带来极大的损失和威胁。近年来，网络攻击的频率和威力呈现出不断增加的趋势，主要表现在以下方面。

第一，攻击手段不断创新。随着网络技术的不断发展和普及，攻击者的攻击手段也不断创新。黑客们不再局限于传统的攻击手段，如病毒、蠕虫和木马等，而是采用更加隐蔽和复杂的攻击手段，如零日漏洞、社会工程学和物联网攻击等。

第二，攻击目标不断扩大。网络攻击者的目标不再局限于大型企业和政府机构，而是涉及小型企业、个人用户等私人用户，以及政府、军事等重要机构。网络攻击者针对不同的目标，采取不同的攻击手段，导致网络攻击的频率和威力不断增加。

第三，网络攻击者技术水平在不断提高。随着网络技术的发展，网络攻击者不断学习和研究新的攻击技术，不断提高攻击技巧和效果，从而使得网络攻击的威力越来越强。

针对网络攻击频发和威力增强的情况，在加强网络安全意识层面，企业和个人需要强化对网络攻击的认识。同时需要采取以下应对措施：企业需要采取多层次的安全防御措施，包括网络安全设备、安全软件和安全策略等，以及加密技术等措施，从而有效防御各种攻击手段；企业需要建立完善的安全管理和监控机制，对网络系统进行实时监控和管理，及时发现和处理网络异常行为，从而提高网络安全防御的能力；企业需要建立完善的应急响应和恢复机制，能够快速、有效地响应网络攻击事件，采取相应的应急措施，减小损失；企业需要加强与其他企业、政府机构和安全厂商等的合作和信息共享，及时获取攻击事件的信息和对策，提高应对网络攻击的能力；企业需要定期进行安全漏洞扫描和修复，及时发现并解决系统和应用程序中的漏洞，防止黑客利用漏洞进行攻击；企业需要及时关注最新的安全威胁，了解攻击者的攻击手段和目标，采取相应的安全措施，及时应对网络攻击；企业需要加强对员工的管理和安全审计，确保员工的行为符合企业的安全策略和规定，减少内部人员的安全漏洞和不当行为。

（二）网络犯罪的严重性和危害性影响深远的表现及相应措施

网络犯罪是指利用计算机网络进行的犯罪活动，包括网络钓鱼、网络诈骗、网络攻击、网络盗窃、网络色情和网络恐怖主义等。网络犯罪不仅会直接造成财产和信息的损失，还可能对社会秩序和国家安全造成威胁。网络犯罪的严重性和危害性影响深远，主要表现在以下方面。

第一，财产损失难以挽回。随着互联网技术的快速发展，信息的交流便捷，网络犯罪造成的财产损失更加迅速和普遍，其中包括个人和企业的财产损失。网络犯罪者通过网络进行盗窃、诈骗等行为，给受害者带来严重的且难以挽回的经济损失。

第二，信息泄露更加广泛。为了适应更快捷的生活节奏，现如今人们把信息保存在互联网应用中的现象十分普遍，因此网络犯罪所导致的个人和企业的敏感信息被泄露事件更加广泛。这些信息包括个人身份信息、财务信息和商业机密等，一旦泄露，可能导致个人隐私受到侵害，给企业发展造成重大损失。

第三，社会秩序受到威胁。网络犯罪会对社会秩序造成威胁，例如网络色情、网络恐怖主义等，会对社会的道德观念、主流价值观产生冲击，影响社会环境安全。

第四，国家安全受到威胁。一些国家和地区的政府机构、军事机构等重要机构也成了网络犯罪的攻击目标，对国家的基础设施建设产生威胁。

针对网络犯罪的情况，可以采取以下应对措施：加大对网络犯罪的打击力度，使犯罪者受到法律的制裁和惩罚，从而减少网络犯罪的发生；企业需要加强网络安全技术措施，包括入侵检测系统和反病毒软件等，以及使用最新的安全技术防御最新的攻击手段；需要加强对网络的监控和管理，及时发现和处理网络异常行为，防止网络犯罪的发生和扩散；需要建立完善的网络安全应急响应机制，能够快速、有效地响应网络犯罪事件，减小损失；需要加强安全意识教育，强化网络犯罪的认识和预防意识，降低企业的安全风险；个人需要强化网络安全意识，不轻易泄露个人信息，增强对网络诈骗、网络钓鱼等网络犯罪的防范意识，保护自己的财产和信息安全。

（三）网络安全技术水平有待提高的表现及相应措施

随着互联网的快速发展和普及，网络安全问题也越来越受到关注。然而，当前的网络安全技术水平有待提高，例如软件开发管理、网络代码中的逻辑或者流程错误。同时也存在管理和运维之间的协调和配合。这些问题难以有效地保护企业和个人的网络安全，也给网络安全带来了一定的风险和挑战。

近年来，多数老牌互联网厂商也发生了严重的信息安全事故。通过分析事故结果，可以总结以下技术水平问题。较少改动默认密码，导致运作的支撑环境出现了安全漏洞也难以及时修复和弥补；在安全技术的测试中，用一个新的网络产品监控另一项网络产品的弱点，导致安全技术的漏洞被无视；安全技术人员的知识培训和宣传活动较少，无法保持高水平的技术人员的增加。

针对上述情况，可以采取以下应对的措施。

第一，加强管理人员对流程、人员和技术的综合利用能力。一方面强化内部管理，另一方面尝试对外服务，鼓励安全技术人员开发更多技术层面的安全控制产品。

第二，确保每年、每季度有计划地提供知识培训活动和安全意识宣传活动。确保安全技术人员意识到数据安全的重要性，增强提升个人安全技术水平的内驱力。

第三，促进网络安全产业的顺利发展。政府应当加大对网络安全产业的支持和投入，推动网络安全产业发展，提高网络安全技术和产品的研发能力和水平，为企业和个人提供更加完善的网络安全保障。

三、建立健全网络安全应急机制

随着我国经济的快速发展，互联网技术在经济中的广泛应用，信息技术在创新的过程中，存在一定的安全问题。在网络空间中，安全问题越来越复杂、越来越隐蔽，不但需要在技术上加强安全防范措施，而且需要建立健全网络安全事件应急工作机制。网络安全应急响应机制是一项系统工程，需要从多个方面进行综合考虑和规划，以有效地提高网络安全应急响应能力，保障网络安全的稳定。

（一）网络安全应急机制的基础建设

从基础层面来说，建立健全的网络安全应急机制，需要制定完善的应急预案、配置专业的安全团队、规划健全的工作流程、应用完备的技术手段。

第一，制定完善的应急预案。应急预案是应急响应机制的核心，应该根据企业的实际情况制定一份完善的应急预案。应急预案应该包括事件的分类、事件的级别、应急响应流程、应急响应人员、应急响应措施、应急响应时间等要素。应急预案应该经过反复的演练和测试，以保障应急响应机制的可行性和有效性。

第二，配置专业的安全团队。建立网络安全应急响应机制需要配备专业的安全团队，包括网络安全专家、安全工程师和安全运维人员等。安全团队应该具备较高的安全技术水平和应急响应能力，能够快速响应网络安全事件，实施应急处置措施和恢复工作。

第三，规划健全的工作流程。网络安全应急响应机制需要规划健全的工作流程，包括事件报告、事件确认、事件分析、应急处置、恢复和总结等环节。工作流程应该明确各个环节的职责和任务，确保应急响应工作能有条不紊、高效快速地进行。

第四，应用完备的技术手段。应急响应机制需要应用完备的安全技术手段，包括安全监测系统、防火墙、入侵检测系统和安全加固工具等，以及相关的安全漏洞和攻击事件的分析和处理工具。这些技术手段可以帮助安全团队快速发现和分析网络安全事件，采取应急响应措施。

（二）网络安全应急机制的辅助机制

建立健全的网络安全应急机制，还需要分配足够的资源、建立高效的沟通协调机制并且不断改进和提升工作水平。建立起辅助机制，可以让网络安全应急机制更好地发挥作用。

第一，分配足够的资源。网络安全应急响应机制需要分配足够的资源，包括人力、物力和财力等，以保证应急响应工作的顺利进行。在分配资源时需要考虑到事件的严重程度和响应的时效性，及时调整和分配合适的资源。

第二，建立高效的沟通协调机制。网络安全应急响应机制需要建立高效的沟通协调机制，包括内部协调和与外部合作协调。在内部方面，安全团队需要明确联系人名单，并建立联系方式，及时沟通和协调应急响应工作。在外部方面，安全团队需要与相关的安全厂商、政府机构等建立联系，以便于获取外部支持和合作。

第三，网络安全应急响应机制需要不断改进和提升工作水平。网络安全应急响应机制需要及时总结和评估已有的应急响应工作，发现问题和不足，并且不断地改进。同时，需要密切关注网络安全技术的发展和变化，及时更新和升级应急响应技术和手段，以提升应急响应能力。

（三）加强网络安全应急机制的安全意识培训

加强网络安全应急机制的安全意识培训，让安全团队能够真正理解应急机制的流程与技术手段，并且增强自身安全意识，真正让应急机制发挥作用。

第一，网络安全应急响应机制需要建立培训和演练机制，对安全团队进行定期有计划的培训和演练，提高安全人员的应急响应能力。培训和演练可以帮助安全团队熟悉应急响应流程和技术手段，提高应急响应效率和准确性。

第二，网络安全应急响应机制需要建立应急事件库和知识库，记录和归档历史应急事件的处理过程和经验教训，以便于以后应对相似的网络安全事件。知识库可以帮助安全团队积累和沉淀相关的安全知识和技术，为网络安全应急响应机制创新发展提供坚实的知识基础。

第三，加强安全意识教育。建立健全的网络安全应急响应机制不仅是技术问题，也需要加强员工的安全意识教育，让每个员工都能够意识到网络安全的重要性，并且了解和熟悉预防和应对网络安全事件的方式方法。安全意识教育可以通过定期的安全培训、演习和模拟测试等方式进行。

第二节　网络安全与网络文明建设

网络文明是新形势下社会文明的重要内容，是建设网络强国的重要领域。习近平总书记高度重视网络文明建设，作出一系列重要指示，为网络文明建设的工作指明了前进方向、提供了根本遵循。[①] 网络安全和网络文化建设是紧密相关的，它们之间相互影响、相互促进。网络文明建设有助于提高网络安全水平，而网络安全为网络文明提供了保障。

一、网络文明建设可以提高网络安全水平

当今社会，网络已经成了人们生活和工作中不可或缺的一部分，网络文明建设是保障网络安全的重要手段。网络文明建设通过引导用户形成正确的网络安全意识和行为习惯，提高用户的网络安全素养，营造健康的网络环境和文化氛围，从而有效地提高网络安全水平。

网络文明建设通过加强网络安全意识教育，加强用户的自我保护意识和能力。网络安全意识教育是指向用户传递网络安全意识和防范意识，让用户了解网络安全问题的严重性和紧迫性，从而提高用户的网络安全防范能力。

① 卢文静：《推动网络文明创建提质增效 筑牢网络安全屏障》，http://xz.people.com.cn/n2/2023/0821/c138901-40539074.html，访问日期：2023 年 8 月 1 日。

通过网络文明建设，可以加强网络安全意识教育，让用户了解网络安全问题的现状和未来趋势，掌握相关的安全知识和技能，提高应对网络安全威胁和攻击的能力。同时，网络文明建设可以通过鼓励用户积极参与网络安全保障，提高用户的防范能力。例如，组织网络安全知识培训和演习活动，提高用户的应急处理能力，加强用户对网络安全问题的感知和预防意识，从而降低网络安全风险。

网络文明建设可以通过建立健全网络安全规范和标准，规范网络行为和网络安全管理，减少安全漏洞和网络攻击的发生。网络安全规范和标准包括网络安全法律法规、网络安全标准、网络安全管理制度等，这些规范和标准可以引导用户遵守网络安全规定，从而减少网络安全风险。同时，网络文化建设还可以通过加强网络安全监管和执法，对违法行为进行打击和惩罚，维护网络安全和网络文化的健康发展。

另外，网络文明建设可以通过建立网络安全生态系统，促进网络安全技术和产品的创新和发展，提高网络安全保障能力。网络安全生态系统是指由政府、企业和用户等各方共同建立的安全保障体系，包括安全技术、安全产品和安全服务等。通过网络文明建设，可以建立健全网络安全生态系统，从而有效地降低网络安全风险。

网络文明建设可以有效地提高用户的网络安全防范能力、构建网络安全规范和标准。建立网络安全生态系统，能够减少网络安全风险，保障网络的健康发展和社会的稳定。

二、网络安全为网络文明建设提供保障

网络安全是网络文明建设的基础，为网络文明建设提供多重保障，例如保护个人隐私和数据安全，防范网络攻击和恶意行为，促进网络创新和发展，建立信任关系。只有网络安全得到充分保障，网络文明建设才能营造良好的网络环境，更好地促进社会进步。

随着互联网技术和经济水平的飞速发展，人们不仅在互联网上发布个人信息和数据，还会使用各种网络应用，例如网络交易、支付等商业服务。因此，保障网络安全是保护个人隐私和数据安全的重中之重。通过加密、防火墙和反病毒软件等网络安全技术，保护个人信息和数据不被非法侵入或盗取。例如，HTTPS 协议能够加密网络传输过程中的数据，防止数据被窃听、篡改或伪造。反病毒软件能够检测和删除计算机中的病毒、木马等恶意软件，保护计算机和个人信息的安全。

网络攻击和恶意行为是网络文明建设中的威胁之一，它们破坏网络基础设施、盗取个人信息和数据和传播虚假信息等。因此，网络安全是防范网络攻击和恶意行为的有力手段。网络安全技术可以通过实时监控和防御，及时发现和阻止网络攻击和恶意行为。例如，网络入侵检测系统（IDS）可以监控网络流量，发现并报告异常流量和攻击行为。网络安全防护系统（IPS）可以自动阻止攻击流量，保护网络基础设施的安全。此外，网络安全法律法规也能够惩处网络攻击和恶意行为，构建网络安全的法律保障。

网络创新和发展是网络文明建设的重要组成部分，它们能够带来新的商业模式、文化形态和社会变革。网络安全是促进网络创新和发展的核心动力。例如，网络安全技术可以保护知识产权、商业机密等，保障创新者的利益。此外，网络安全技术也能够为新兴产业提供安全保障，例如在云计算、大数

据等领域，网络安全技术能够保护数据安全。

网络安全还可以建立网络文明建设中的信任关系。网络安全保障网络用户更加放心地使用网络应用，更加信任网络文明建设的各种内容和服务。同时，网络安全技术可以有效避免网络欺诈等不良行为，进一步增加网络用户的互信度，有助于构建和谐的网络文明生态。例如，在网络安全技术的保障下，用户可以更加放心地在线购物、使用网上银行等服务，避免了因为网络问题而产生的担忧。

第三节　推进网络安全和网络文明建设的协同发展

网络文明建设与网络安全一体两面、紧密联系、相辅相成。网络文明建设为网络安全运行培育道德土壤、夯实思想根基，网络安全则为网络文明建设提供技术支撑和法律保障。因此，推进网络安全和网络文明建设的协同发展，是保障网络健康发展和社会稳定的重要举措。

一、推进网络安全和网络文明建设协同发展的意义

推进网络安全和网络文明建设的协同发展是当今社会的重要任务。网络安全和网络文明建设是相辅相成的，网络安全是网络文明建设的基础，网络文明建设是网络安全的保障，二者的协同发展对于构建一个安全、健康、有序的网络环境至关重要。推进网络安全和网络文明建设的协同发展，有以下重要意义。

第一，构建健康、和谐、安全的网络环境。网络安全和网络文明建设是网络环境建设的两个重要方面，两者的协同发展可以相互促进。网络安全技

术和网络安全法律法规的监管，可以避免网络暴力、网络欺凌等不良行为的发生，为网络文明建设提供良好的环境。网络文明建设增强公众安全意识，规范标准的网络文明系统，避免因不当的网络行为导致的网络安全问题。

第二，增强网络文化的软实力和影响力。网络文明建设的成功需要有一个安全、可靠的网络环境作为支撑。通过推进网络安全和网络文明建设的协同发展，可以增强网络文化的软实力和影响力，使网络文化得到国内外的认可和尊重。同时，网络安全和网络文明建设的协同发展也有助于防范网络攻击和恶意行为，保护个人隐私和数据安全，增强网络文化的可信度和公信力。

第三，促进经济社会发展。网络安全和网络文明建设的协同发展，可以促进经济社会的健康发展。网络安全为数字经济、网络贸易和网络金融等新兴产业提供保障，促进网络经济的健康发展。同时，网络文明建设也可以促进文化产业的发展，推动文化创意产业的繁荣。在网络安全和网络文明建设的共同推动下，可以形成一个更加健康、安全和繁荣的网络生态，有助于促进经济社会的可持续发展。

第四，提升国家形象和国际地位。网络安全和网络文明建设的协同发展，是一个国家软实力的重要体现。通过加强网络安全和网络文明建设的协同发展，可以提升国家形象和国际地位。一个安全、稳定和有序的网络环境，可以吸引国内外人才和资金的投入，增强国家在数字经济、科技创新等领域的国际竞争力。同时，网络安全和网络文明建设的协同发展，也可以为国际社会提供在网络空间中的公共产品和服务，增强国家的国际影响力和话语权。

第五，实现“数字中国”建设的目标。网络安全为建设“数字中国”提供强有力的技术保障，网络文明建设为“数字中国”奠定良好的、健康的网络环境。在我国“数字经济”进入提速换代的蓬勃发展期，网络安全和网络文明建设的协同发展，推动数字经济、数字社会等数字化领域的新质生产力不断突破。

综上所述，推进网络安全和网络文明建设的协同发展，不仅是保障网络安全、促进网络文明建设的需要，也是提升国家软实力、促进经济社会发展、实现“数字中国”建设的需要。因此，需要各方共同努力，加强协同合作，推进网络安全和网络文明建设的协同发展，构建和谐、安全和繁荣的网络文化生态。

二、推进网络安全和网络文明建设协同发展的措施

推进网络安全和网络文明建设的协同发展是一个长期而复杂的过程。我们需要从教育、技术、管理和合作等多个方面入手，共同努力，才能建立一个安全、健康、文明的网络空间环境。

网络安全和网络文明建设需要公众的积极参与和支持。因此，加强宣传教育，增强公众安全意识。通过各种媒体宣传网络安全和网络文明建设的知识，发布安全提示和建议，强化公众对网络安全和网络文明建设的认识和意识。同时，还可以加强网络安全和网络文明建设的教育和培训，提高公众对网络问题的应急反应能力。

网络安全和网络文明建设需要不断推进技术研发和创新。可以加强网络安全技术的研究和开发，提高网络安全保障水平，加强网络文明建设相关技术的研究和开发，提高网络文明建设的能力和增强文明建设的效果。同时，还可以鼓励和支持网络安全和网络文明建设领域的创新企业和个人，推动技术创新。

网络安全和网络文明建设需要多方合作，共同推进。可以建立政府、企

业和社会组织等多方合作机制，加强协同治理，形成合力。政府可以出台相关政策和法规，提供法律支持和资金保障；企业可以加强网络安全和网络文明建设的投入和实践，提高网络安全和网络文明建设水平；社会组织可以发挥自身作用，积极参与网络安全和网络文明建设的推进。

网络安全和网络文明建设是全球性的问题，需要国际合作来加强全球网络安全和网络文明治理。可以积极参与国际网络安全和网络文明建设的合作机制和搭建沟通平台，如联合国网络安全论坛、全球网络倡议等，加强交流和合作，共同推进全球网络安全和网络文明建设。同时，还可以推动制定全球性网络安全和网络文明治理标准和规范，促进全球网络安全和网络文明建设的协同发展。通过国际合作，共同应对网络犯罪、网络赌博和网络诈骗等跨国性问题，构建全球健康、和谐、安全的网络环境。

综上所述，推进网络安全和网络文明建设的协同发展，既需要加强宣传教育，增强公众安全意识，也需要多方合作共同推动网络安全和网络文明建设，这样才能更好地保障网络安全、促进网络文明，构建和谐、安全和繁荣的网络文明生态。

第六章　新时代网络文明建设的实践创新

自党的十八大以来，我国网络文明建设和网络生态文明建设取得了显著成就，为我国网络空间健康有序发展提供了有力保障和支持。加强网络文明建设，是建设网络强国的重要内容，也是建设中华民族现代文明的一项重要任务。[①] 在新的时代背景下，网络文明建设应在网络主流思想引领、网络文化打造和网络文化创新、网络生态治理，以及坚持“以人民为中心”等方面采取措施，进一步推进网络文明建设。

第一节　我国网络文明建设实践成就综述

我国网络文明建设在法治建设、网络生态和网络文明三个方面取得了显著成就。这些成就为我国网络文明建设提供了有力保障和支持，为网络空间

① 人民网:《人民网评：不断推动新时代网络文明建设高质量发展》，https://baijiahao.baidu.com/s?id=1771735236184303117&wfr=spider&for=pc，访问日期：2023 年 8 月 1 日。

的健康有序发展奠定坚实的基础，为全球网络文明建设提供了重要经验和参考意义。

一、网络法律体系的构建基本完成

随着依法治网成为时代的课题，网络体系的构建过程中不断采用法治思维和法治方式提高管网治网的能力水平，不断夯实网络文明建设的法治根基。

党的十九届五中全会作出了“加强网络文明建设，培育积极健康的网络文化”的重要决策，[①] 这一决策为“十四五”时期网络文明建设搭建了制度框架，对推进网络文明建设和构建健康的网络生态环境具有重要意义。在这一决策的指引下，我国将在“十四五”时期加强网络文明建设，促进网络文化的繁荣发展。

《关于加强网络文明建设的意见》的印发进一步明确了加强网络文明建设的总体要求、工作目标、主要任务和保障措施，为新时代网络文明建设提供了有力的指导。在这一文件的指引下，我国不断加大网络文明建设的力度，不断推动网络文化的创新。

我国网络法治建设已经取得了重大进展，出台了一系列网络法律法规和管理规定，以确保互联网能在法治轨道上健康运行。例如，《中华人民共和国网络安全法》规定了网络安全的基本要求和保障措施，明确了网络安全的主体责任和监管责任;《中华人民共和国数据安全法》规定了数据的分类、保护和交换要求，保障了数据安全;《中华人民共和国个人信息保护法》规定了个人信息的收集、使用和保护要求，保障了个人隐私权;《关键信息基础设施安全保护条例》规定了关键信息基础设施的保护措施，保障了国家安

① 庄荣文:《加强网络文明建设 共筑美好精神家园》,《学习时报》, 2021 年 10 月 27 日，第 1 版。

全。此外还有《网络信息内容生态治理规定》《网络安全审查办法》等。目前已经出台一百余部法律法规和管理规定，完成了网络法律体系的基本构建，为网络文明建设提供了有力的法律保障，也为网络空间的健康有序发展指引方向。

网络舆情监管是夯实网络文明建设法治根基的重要组成部分。网络舆情监管是指通过监督和管理网络信息内容，防止网络暴力、低俗之风等不良行为的发生。我国加强了网络舆情监管，出台了一系列管理规定，对各类网络违法行为进行严厉打击。例如《网络信息内容生态治理规定》明确了网络信息内容的生态治理要求，规范了网络信息内容的发布、传播和管理;《互联网跟帖评论服务管理规定》规定了跟帖评论服务的管理要求，防止了网络暴力和对立言论等无意义的人身攻击;《互联网直播服务管理规定》规定了网络直播服务的管理要求，防止了网络直播中的低俗、暴力和违法等行为的出现。这些管理规定的出台，保障了网络空间的安全和社会稳定，维护了社会的公序良俗，为网络文明建设提供了重要支持。

中国网络文明大会期间举行了主论坛、网络诚信建设高峰论坛、分论坛、新时代中国网络文明建设成果展示和网络文明主题活动，使大会成为网络文明理念宣介平台、经验交流平台、成果展示平台和国际互鉴平台。大会还从党和国家推进网络文明建设、各地开展网络文明创建和互联网企业助力网络文明发展等维度，通过线上线下相结合的方式集中展示党的十八大以来我国网络文明建设所取得的丰硕成果。

据国务院新闻办公室于2023年3月16日发布的《新时代的中国网络法治建设》白皮书所述，目前我国已基本建立了网络法律体系。该体系以宪法为基础，以法律、行政法规、部门规章和地方性法规和地方政府规章为依托，以传统立法为前提，并以网络内容建设与管理、网络安全和信息化等网络专门立法为主要内容，充分反映了我国网络法律体系的现状。而这一体系必将为我国当下的网络强国建设提供坚实的制度保障。

二、网络生态进一步实现“根本价值”

互联网世界是亿万民众共同的精神家园。天朗气清、风清气正，是人民对网络精神家园的美好向往。因此需要加强网络文明建设，为人民打造健康、安全的网络生态环境。

网络文明建设，保障了网络空间的良性发展。我国积极推动网络文明行动，加强了网络文明宣传教育，倡导依法上网、文明上网、自律上网和安全上网，积极维护网络文明，从而营造了积极健康、清新明朗的网络生态。同时，我国加强了对网络信息内容的监管，严格审查各类不良信息，有效防范了网络暴力、低俗之风等不良行为的发生，保障了网络空间的良性发展。

网络文明建设，掀起了宣传正能量、唱响新时代主旋律的浪潮。我国在网络空间不断推进中华文化新媒体传播工程，连续举办“五个一百”网络正能量精品评选活动等，掀起了宣传正能量、唱响新时代主旋律的浪潮。

网络文明建设使党的创新理论“大众化”。为了更好地统筹网上传播资源，我国加大了优质内容供给，并推出了《万山磅礴看主峰》《牵妈妈的手》等一批“现象级”新媒体作品，使党的创新理论“飞入寻常百姓家”。我国还启动了“把青春华章写在祖国大地上”网络主题宣传和互动引导活动，通过网络文明建设推动了更多优质思政资源触达年青一代。

网络文明建设也有力地净化了网络生态。我国还推进了“阳光跟帖”行动，提升全社会网络文明素养。为了保障网民的合法权益，我国加快了完善网络综合治理体系的步伐，并持续开展“清朗”系列专项行动，针对“饭圈”

乱象、互联网账号乱象、网络水军等突出问题开展 30 多项专项治理，不断加强对低俗色情、血腥暴力等问题的日常监管。2019 年以来，累计清理违法和不良信息 200 多亿条、账号近 14 亿个。[①] 我国还深入开展了“净网”“护苗”等专项整治行动，有力地净化了网络生态。

通过这些措施，我国在网络空间中有效推动了正能量的宣传、优质内容的传播，显著提升了社会网络素养，并有力维护了网民的合法权益。同时，我国也在网络治理方面积极探索新的举措，努力构建积极健康、阳光透明的网络生态环境，为建设网络强国作出重要贡献。

三、形成共建共享网络文明新风尚

我国积极推动网络文明行动，加强了网络文明建设与公益慈善事业的结合，鼓励各类优秀网络文化作品的创作和传播，形成了共享网络文明新风尚的良好局面。同时，积极推动网络文明建设与国际交流合作，加强了对国际网络文明建设的借鉴和学习，促进了网络文明建设的国际化。

通过调动网络社会组织、网信企业、正能量网络名人，以及广大网民的力量，政府试图构建人人参与、齐抓共治的新格局，以实现网络文明的长期繁荣和发展。为形成共建共享网络文明新风尚，我国所采取的措施，大致可分为两个方面。

一是在推进网络文明建设方面的措施。在推进网络文明建设方面，一方面，我国政府着力打造“争做好网民工程”，并且积极推动一些精品文化产品的供给，包括网络文学、网络影视剧和网络动漫等。这些文化产品不仅提

---

① 曹音:《整治“饭圈”乱象，抵制“低俗暴力”，网络“清朗”一直在行动》，https://baijiahao.baidu.com/s?id=1741560216033493154&wfr=spider&for=pc，访问日期：2023 年 8 月 1 日。

高了网络文化公共服务的质量，而且增强了人们的文化素养，进一步丰富了网络文化内涵。另一方面，政府通过开展“我国好人”“劳动模范”“时代楷模”“道德模范”等典型事迹的网上宣传，并加快推进“互联网＋公益”新模式，旨在营造出崇德向善、见贤思齐的网络文明环境，引导人们在网络世界中积极传递正能量、践行社会主义核心价值观。同时，政府将网络文明建设纳入全国文明城市、文明村镇、文明单位、文明校园和文明家庭等评选标准中，促进群众性精神文明创建活动向网上延伸，实现网上网下文明建设有机融合。这一举措旨在推动人们积极参与精神文明建设，共同营造出良好的网络文明环境。

二是在推进网络诚信建设方面的措施。我国连续举办网络诚信大会，旨在宣传诚信理念，倡导守信互信、共践共行的良好社会氛围。同时，还开展了多项活动，如“诚信中国”建设、网络诚信文化宣传等，以促进网络诚信建设的深入发展。同时，推出了“中国互联网联合辟谣平台”，旨在建设清朗网络空间。该平台由各大主流媒体和网络企业共同参与，通过开展网络辟谣、网络教育等活动，积极引导广大网民树立正确的信息价值观，加强网络舆论引导，营造清朗的网络空间。

通过这两方面措施，政府、企业、媒体、社会组织和公众等各方力量齐心协力，共同推进网络文明建设，不断增强人们的网络安全意识和网络诚信意识。同时，通过开展网络宣传活动、网络公益活动等，进一步丰富了网络空间的文化内涵和社会价值，为构建一个和谐、积极向上的网络环境作出了积极的贡献。

第二节　新时代网络文明建设的实践路径

随着互联网技术的不断发展，传统的信息传播方式正在逐渐改变，互联网已经成了现代生活中重要的交流和传播方式。然而，互联网中同时存在着虚假信息、网络诈骗等不文明行为，这些问题对人们的生活和社会秩序造成了严重影响。为了解决这些问题，新时代网络文明建设针对思想舆论、网络文化和生态治理三方面重点采取应对措施，大力推进网络文明建设，广泛汇聚向上向善力量，共建网上美好精神家园。

一、强化思想引领，构建网络主流思想舆论格局

随着信息技术的迅猛发展，网络已经成了人们获取信息、交流思想和表达意见的重要平台。网络的出现和发展，为人们的思想观念和价值取向的形成和发展提供了更为广阔的空间。同时，网络也成了各种思想和文化的交汇之地，网络文明建设已经成了一个重要的社会问题。因此，新时代网络文明建设的核心任务是强化思想引领，学习宣传党的创新理论，网络文明建设的重要方向是运用马克思主义中国化最新理论成果建设网络空间。

（一）强化网上思想引领，壮大网络主流思想舆论

网络思想引领是网络文明建设的重要组成部分。随着网络的快速发展，网络舆论也愈加复杂多样，因此需要加强对网络思想的引导和管理，加强网络主流思想的建设，让广大网民形成正确的价值观念。

首先，加强对网络舆论的引导和管理。网络舆论是在网络空间中表达各种思想和意见，其中存在着虚假信息、低俗内容和不良思想的问题。因此，要建立健全网络舆论的管理机制，加强对网络舆论的引导和管理，规范网络舆论的表达和传播，营造出健康的网络环境。

其次，要壮大网络主流思想舆论。网络主流思想是指符合社会主流价值观的思想和文化，是网络文明建设的重要组成部分。因此，各大主流媒体，需要通过广大网民喜闻乐见的方式，传播主流思想，引导广大网民树立正确的价值观和世界观，增强广大网民的社会责任感和公民意识，为社会和谐稳定发挥积极作用。

（二）把学习宣传党的创新理论作为网络文明建设的核心任务

学习宣传党的创新理论是网络文明建设的核心任务之一。党的创新理论是指在中国共产党领导下，从实践中总结出来的理论创新成果，是指导中国特色社会主义事业发展的重要思想武器。因此网络文明建设的核心任务是把学习宣传党的创新理论作为核心任务，以主流意识形态引领网络空间导向。

首先，加强对党的创新理论的学习和宣传。通过积极利用网络平台，加强对党的创新理论的宣传和解读，让更多的人了解和接受党的创新理论。同时，鼓励广大网民积极参与党的创新理论的学习和宣传，推动党的创新理论在网络空间中深入人心。

其次，完善网络文明建设的顶层设计。网络文明建设的顶层设计是指制定网络文明建设的总体规划和政策措施，包括网络文明建设的理念、目标、任务和具体措施等。因此，需要联系国家的实际情况，加强网络文明建设的顶层设计，制定出符合现实发展、具有可操作性的网络文明建设规划和政策，为网络文明建设提供强有力的制度保障。

（三）运用马克思主义中国化最新理论成果建设网络空间

马克思主义是立党立国、兴党兴国的根本指导思想。“实践告诉我们，中国共产党为什么能，中国特色社会主义为什么好，归根到底是马克思主义行，是中国化时代化的马克思主义行。”[①] 马克思主义中国化最新理论成果是指党的创新理论在中国特色社会主义事业中得到实践和发展的最新成果。要运用这些最新理论成果，建设网络空间，凝聚广泛社会共识，为网络文明建设提供理论支持。

网络思想理论建设是指在网络空间中推广符合中国特色社会主义核心价值观的思想和文化，为广大网民提供正确的价值取向和思想引导。因此，要加强网络思想理论建设，深入研究和探讨网络思想的本质和规律，推动网络思想的创新发展。

此外，要加强网络基础设施的建设和网络内容的建设。网络基础设施的建设是指建设网络的硬件设施，包括网络通信设备、服务器等。网络内容的建设是指为广大网民提供优质的网络内容，包括文字、图片和音视频等。

加强网络空间的建设，提高网络空间的质量和效益，为广大网民提供更为优质的网络服务和内容。坚持以马克思主义为指导、传播好马克思主义，培养社会主义建设者和接班人是我们责任之所在、使命之所系。

二、打造网络文化，创新网络文化传播新内容

互联网是全球性的媒介平台，可以促进不同文化的交流与融合，使各国文化相互借鉴，产生出更为多元的文化形态。当前，文化与网络技术融合发

① 中国纪检监察报:《深入学习领会党的二十大精神》，http://theory.people.com.cn/n1/2022/1103/c40531-32557971.html?eqid=f524a10300012f0f000000036497acca，访问日期：2023 年 8 月 1 日。

展方兴未艾，大数据、云计算、人工智能、VR、AR等信息技术的突飞猛进，将进一步为网络文化内容、形式和产业形态的变革添加新动力。在当前的时代背景下，要大力推进网络视听内容建设、着力创新网络文化和强化主流文化的网络影响力等。

（一）大力推进网络视听内容建设，培育优秀网络文化

网络视听内容建设是网络文明建设的重要组成部分。网络视听内容是人们获取信息、娱乐和学习的重要渠道。大力推进网络视听内容建设，必须加强优质网络文化内容的供给，促进健康向上的网络文化的广泛传播。这需要各级政府、媒体和网络企业等多方面合作，共同打造优质网络文化，提高网络文化的品质和影响力。

首先，要严格落实网络视听内容的审查制度，加强对网络视听内容的监管。同时，要加强对网络视听内容制作方的管理和监督，确保网络视听内容的合法性、规范性和健康性。

其次，要加强对网络视听内容的精细化管理。网络视听内容是多元化的，结合不同群体对网络视听内容的不同需求，对网络视听内容进行分类管理，精细化地进行内容推荐。也要加强对网络视听内容的品质把控，提高网络视听内容的质量和水平。

最后，要加强网络视听内容的创新性。网络视听内容是创新的产物，推动网络视听内容的创新，增添网络视听内容的多样性和创造性。只有不断创新，才能不断满足人们对网络文化日益增长的需求，推动网络文化的发展。

（二）着力创新网络文化，提高国际影响力和认可度

网络文化是新时代文化的重要组成部分。创新网络文化是推动网络文明建设的重要途径之一。需要着力推动中华优秀传统文化与新媒体技术的融合，鼓励中国网络文化“走出去”，以提高国际影响力和认可度。

中华优秀传统文化与新媒体技术的融合，可以采取多种方式。一方面，可以运用新媒体技术，将中华优秀传统文化进行数字化展示和传播，让更多的人了解和接触中华优秀传统文化。另一方面，可以通过选择具有中华优秀传统文化的元素和符号，进行创意设计，推出更具中国文化特色的网络文化产品。

中国网络文化“走出去”，需要积极组织网络文化交流活动，加强文化交流和合作，让更多的国家和人民了解中国的网络文化，增强中国的文化软实力和国际影响力。此外，要鼓励中国网络文化产业走向国际市场，提高中国网络文化产品的国际竞争力，让中国的网络文化在全球范围内得到认可。

（三）强化主流文化的网络影响力，传播红色思想，弘扬正能量

强化主流文化的网络影响力，是推动网络文明建设的重要方向之一。主流文化是国家文化中占据主导地位，并且受到广泛认可的文化。因此需要加强对主流文化的传承和弘扬，让主流文化在网络空间中发挥更大的文化价值。

红色思想是在中国共产党领导下的革命文化，是中国特色社会主义文化的重要组成部分。在网络空间中传播和弘扬红色思想，让更多的人了解和接受红色文化，增强对中国特色社会主义文化的认同感和凝聚力。

社会主义文化是中国特色社会主义文化的核心，是推动社会发展和进步的重要力量。在网络空间中传播和弘扬正能量的社会主义文化，引导人们培养积极向上、阳光向善的生活态度，增强社会文明进步的动力和活力。

主流文化是社会文化生活的重要组成部分，在网络空间中推动主流文化的创造性转化和创新性发展，可以不断满足人民群众对网络文化的多样性和多元化的需求。

（四）打造网络文化产品，提升网络文化的质量和水平

作为一种新兴的文化形态，网络文化不断涌现出新的形式和内容，丰富人们的文化生活。然而，网络文化中也存在着一些问题，如侵犯知识产权、低俗内容泛滥等。为了推动网络文化的良性发展，我们需要鼓励网民自主生产网络文化产品，增强创新意识和创造力。

网络文化是一种开放、自由的文化形态，不受时间和空间的限制，具有广泛的参与性和互动性。鼓励网民自主生产网络文化产品，可以激发人们的创新意识和创造力，推动网络文化的创新和发展。通过不断探索和实践，网民创造出更加丰富多彩、具有个性化和创意性的网络文化产品，满足人民日益增长的文化需求和精神追求。

网络文化作为一种新型的文化形态，其质量和水平直接关系到人们的文化生活质量和社会文化的发展水平。鼓励网民自主生产网络文化产品，可以提高网络文化的质量和水平。通过引导和增强网民的创新意识和创造力，可以减少低俗、恶意和不良等内容的出现，提高网络文化的审美品位和文化内涵。

网络文化产品的生产和传播涉及知识产权保护和合法经营的问题。鼓励网民自主生产网络文化产品，可以促进知识产权保护和合法经营。网民自主生产的网络文化产品，更容易遵循知识产权保护和合法经营的规定和原则，减少知识产权侵犯和不良竞争的问题，为网络文化的健康发展提供保障。

鼓励网民自主生产网络文化产品的关键在于提供创作支持和资源保障。

因为网民在创作网络文化产品时，需要一定的技术和资源支持，以及一定的创作空间和创作激励。如果网民自主生产的内容得到了正向反馈，那么将会长期坚持，并不断提高作品的质量。提供创作支持和资源保障需要采取以下具体措施。

第一，设立网络文化创作基金。网络文化创作基金是一种专门为网民创作提供发展基金，给予网民自主创作提供全链路支持。通过设立网络文化创作基金，可以为网民创作提供资金支持和扶持政策保障，鼓励网民高效、高质、高量地生产网络文化产品。这些资金可以用于网络文化产品的制作、推广和宣传等方面，同时还可以向网民提供各种创作支持和培训活动，提高网民的文化素养和创作意愿。

第二，提供技术和资源支持。在创作网络文化产品时，网民需要一定的技术和资源支持。可以通过提供技术培训和他人的技术支持，帮助网民掌握网络文化产品的制作技术和工具，提高创作效率和质量。同时，还可以提供创作资源，如音乐、图片和视频等素材资源，为网民创作网络文化产品提供条件。

第三，加强版权保护和知识产权保护。在鼓励网民自主生产网络文化产品时，需要加强版权保护和知识产权保护。只有保护好网民的知识产权和版权，才能让网民更加有信心和动力创作网络文化产品。建立知识产权保护机制和合法经营监管机制，加强对侵权行为的打击和整治，为网民自主创作提供合法经营的市场环境和创作保障。

第四，提高社会认可度和市场竞争力。鼓励网民自主生产网络文化产品不仅需要政策支持和资源保障，还需要提高社会认可度和市场竞争力。通过各种形式的宣传和推广，提高公众对自主生产网络文化产品的认知度和接受度，让更多的人了解和喜爱网络文化产品。同时，网民在自主生产网络文化产品面对市场需求较大时，可以建立网络文化产业链，不仅提供更多的就业机会，而且能够获得更高的经济回报。

网络文化产品作为网络世界中的一种重要表现形式，具有很大的创新潜力和发展空间。而新时代网络文化产品的创新不仅需要符合网络传播的特质，还需要突出共创共用的理念，让网络技术文明成果真正惠及民众。

（五）使网络文化产品创新惠及于民的措施

1. 网络文化产品要符合网络传播特质

网络文化产品是在网络环境下产生和传播的文化产品，其存在的形式和特点决定了它必须符合网络传播的特质。网络传播具有快速、便捷、互动和社交等特点，网络文化产品的创新必须符合这些特点，才能更好地适应网络经济的发展趋势，为用户提供更好的使用体验。具体而言，应该注重以下方面。

第一，网络传播的快速和便捷要求网络文化产品的创新应该注重轻量化。轻量化是指在保障功能的前提下，尽可能减少产品的体积和负担。在互联网技术发展初期，网络文化产品的体积和功能不断增加，导致有些产品变得臃肿、复杂。而现在，轻量化已经成了网络文化产品创新的重要方向。轻量化不仅可以提高产品的响应速度，减少用户等待时间，使用户更方便快捷地使用产品，提升用户的产品体验感。

第二，网络传播的互动和社交要求网络文化产品的创新应该注重互动性。互动性是指让用户参与其中，让用户成为产品的创造者和使用者。互动性是网络文化产品创新的重要方向，可以提高产品的用户黏性和社交价值。例如，视频平台为用户提供了丰富的互动功能，如点赞、评论和分享等，这些功能可以让用户在使用网络产品的同时增强互动和交流，保持用户注意力的稳定性，增加专注时间，从而加强用户的参与感和共创意识。

第三，网络传播的社交要求网络文化产品的创新应该注重社交化。社交化是指让用户在产品中与其他用户建立社交关系，促进用户之间的交流和互动。社交化是网络文化产品创新提高产品的用户黏性和社交价值的发展方向。例如，社交媒体平台为用户提供了丰富的社交功能，如朋友圈、私信和群组等，这些功能可以让用户在使用产品的同时建立和维护社交关系，增强用户的社交意识和社交价值。

第四，网络传播的可视化要求网络文化产品以更易于理解的形式呈现。可视化是指将信息以图像或视频等形式呈现出来，让用户更加直观地感受信息。可视化是网络文化产品提高产品的信息传递效果和用户体验的新趋势。例如，新闻媒体平台为用户提供了丰富的图像和视频等可视化内容，这些内容可以让用户更加直观地了解新闻事件，提高用户的信息获取效率和体验感。

2. 网络文化产品要突出共创共用的理念

学者罗艳霞认为："公共数字文化作为我国文化事业关键组成部分，是在目前互联网环境下针对数字化、信息化、网络化不断努力的新方向。通过借助信息技术提升公共文化服务供给能力，消除文化偏见和隔阂，增加彼此之间的认识，满足群众的精神需求，构建社会主义核心价值观。"[①]

网络文化产品的创新不仅需要符合网络传播的特质，还需要突出共创共用的理念。共创共用是指用户在产品中可以自主创作和共享自己的作品，也可以使用其他用户创作的作品，经过二次创作产生新的文化产品。共创共用可以增强产品的用户参与度和体现社交价值。具体应该注重以下方面。

第一，提供创作平台。网络文化产品的创新应该注重提供创作平台，让用户可以在产品中创作自己的作品。创作平台可以是简单易操作的应用工具。

① 罗艳霞：《共建共享理念下公共数字文化服务供给研究》，《现代商贸工业》2021 年第 36 期。

例如，视频剪辑软件中有大量的模板和共用素材，创作者可以将自己的内容嵌套进模板中，形成内容创作或者内容分享。创作平台也可以是复杂的。例如，综合性的社交媒体平台。内容生产者通过分析用户画像、判断流行趋势、对准当下社会热点，发挥自己的创造力和联想力，促进产品的创新和发展。

第二，促进共享。网络文化产品的创新应该注重促进共享，即让用户可以在产品中共享自己的作品。共享可以是免费的或者收费的，可以是公开的或者私密的。促进共享可以扩大产品的影响力和用户群体，让更多的人了解和使用产品。同时，共享也可以促进用户之间的交流和互动，增强产品所带来的社交价值。

第三，引导用户参与。网络文化产品的创新应该注重引导用户参与，即让用户成为产品的参与者和推广者。用户参与不仅可以通过创作、共享和评论等方式，也可以通过参与产品的营销活动、社区建设等方式。引导用户参与可以提高产品的知名度和影响力，促进产品研发规模的发展和壮大。

第四，鼓励创新。网络文化产品的创新应该让用户可以在产品中自由发挥自己的创新能力。鼓励创新不仅可以通过提供奖励、举办比赛等方式，也可以通过提供创新工具、技术支持等方式。鼓励创新可以提高产品的创新度和用户参与度。

3. 让网络技术成果惠及民众

随着互联网技术的不断发展和普及，网络技术文明成果已经成了现代社会的重要组成部分。然而，要让这些成果真正惠及民众，还需要通过多方面的努力。网络技术文明成果的惠及民众必须建立在网络安全保障的基础之上。网络安全是网络技术文明成果的基本要求，也是保障民众网络权益的必要条件。加强网络安全保障，需要加强网络监管和法律法规体系建设，完善网络安全技术和应急管理体系，增强网络安全意识和能力，增强网络安全保障的科学性和系统性。

网络技术文明成果的惠及民众需要提高网络技术应用水平。现阶段，随着互联网的不断普及与人们的生活联系越加紧密，网络技术的应用水平直接影响到民众的生产生活质量。因此，互联网公司一方面需要研发更符合大众需求的网络服务技术，另一方面，需要加强网络技术的培训和普及，帮助大多数人掌握基本的与生活息息相关的互联网服务操作。这样可以使网络技术文明成果真正地、均等地惠及每一位民众。

同时，网络技术文明成果的惠及民众还需要推进数字化普惠。数字化普惠是指利用数字技术和网络技术，为全社会提供更加便捷、高效和优质的公共服务，让广大民众共享数字化红利。推进数字化普惠，需要加强数字化基础设施建设，推动数字化公共服务的创新和应用，提高数字化普惠的服务质量和扩大普惠的覆盖面，促进数字化普惠的可持续发展。

三、加强生态治理，共建积极健康的网络文明环境

近年来，随着网络的普及，网络社交平台、新闻传播平台等应用成为信息交流的新场所。互联网空间开始出现大量虚假信息、低俗信息和网络欺凌等不文明现象，这些网络现象已经成了社会问题产生的重要原因。为了保障网络空间的健康有序发展，加强网络生态治理，共建积极健康的网络文明环境已经成为当前网络文明建设的重要任务。

（一）加强网络生态治理，建立网络信息内容监管机制

网络生态治理是指通过对网络环境中各种因素的管理和调控，建立健康、积极和向上的网络文明环境。加强网络生态治理，需要建立网络信息内容监管机制。网络信息内容监管机制是指对网络上的信息内容包括对网络信息的发布、传播、审核和认证等方面的监管。

一方面，网络平台是网络信息的传播空间，需要加强对网络信息的真实性、准确性、合法性的审核和认证，防止虚假信息、低俗信息和违法信息等不良信息在网络空间中传播和泛滥。同时，加大对网络信息的分类管理，对不同类别的信息进行不同程度的监督和管理。

另一方面，网络平台是网络信息的主要承载者，需要加强对网络平台的监督和管理，规范网络平台的运营和管理，防止网络平台成为不良信息的温床。要建立网络平台的责任制，对违法违规行为进行相应的处罚。

（二）从道德情感、公序良俗和法律法规层面制约网络不文明现象

共建积极健康的网络文明环境，除了加强网络生态治理，还要从道德情感、公序良俗和法律法规层面制止网络不文明现象。比如，推广正确的网络道德观念，加强对网络道德的宣传和教育，引导广大网民树立正确的价值观和道德观念，增强网络公德心和社会责任感。网络公序良俗是指网络社会的基本行为准则和规范，是网络文明建设的重要内容，加强对网络公序良俗制度的制定和实施，建立健全网络公序良俗制度。同时，需要完善网络文明建设的法律法规体系，制定和完善相关法律法规，加大对网络不文明行为的惩治和处罚力度，形成有效的法制保障。

具体来说，要以合规手段推动网络信息源头治理。网络不文明现象必有

信息发布源头，源头治理是抵制网络不文明现象的根本。各种网络平台在收集和发布信息内容时要坚持“源头控制原则”，从真实性、合法性、道德性等多角度对信息进行合规评价，对涉及“假、蹭、混、误”等违背法律和公序良俗的低劣信息进行有效筛选、隔离和排除，避免源头污染。同时鼓励网络平台提供更多高质量和正能量信息，引导网络行为走出低俗误区，向理性化和健康化方向发展。

以法律手段加强对网络不文明现象的规范引导。网络不文明现象不仅制造了信息泡沫，还常常以偏见替代法律，以低俗挑战道德，导致各种网络违法行为的发生。有些网络用户持着低俗的“放大镜”，四处挖掘名人隐私、明星绯闻、热点案例，对任何隐私都不放过，使得网络成为隐私侵权泛滥的重灾区。同时，部分网民热衷于围绕热点事件进行“吃瓜式”审判，然而这种“正义的冲动”往往在情绪和偏见中滑向违法的深渊。针对这些问题，应综合运用公私法结合的法律治理手段，通过实名制和信用治理等方式，为网络不文明现象提供一套依法治理的“制度套餐”。

以道德手段提升网络不文明现象的品位和价值。法律规制和理性引导的缺失导致网络不文明现象与其说是自由言论的公共化身，不如说是网络空间无序的代名词。网络不文明乱象丛生严重污染了网络空间的道德生态。治理网络道德污染需要借助道德手段，提升互联网舆论生态的自我净化功能。以理性的声音建言献策，以勇敢的声音传递正义，才是有品质的公共围观，才是健康网络文化和成熟民众心理的标志。

（三）通过多元联动机制，提高网络文明水平

共建网络文明环境需要形成多元联动机制，要充分发挥网民、企业和政府在网络文明建设方面的合力。

从网民角度出发，需要引导网民积极参与网络文明建设。加强对网民的教育和引导，提升网民的网络素养和增强文明意识，引导网民在上网过程中发挥自己的积极作用，充分利用自己的权利、承担自己的责任，共同维护良好的网络生态环境。同时，要建立网民评价制度，鼓励网民对网络行为进行评价和监督。

从企业角度出发，需要加强对企业的引导和监督，鼓励企业在网络文明建设方面发挥积极作用，增强企业的社会责任感和公共意识。

从政府角度出发，政府要加强对网络文明建设的引导和监督，制定相关政策和措施，加大对网络违法犯罪行为的惩治力度，同时加强对网络文明建设的宣传和普及工作，积极引导、协调社会各方面力量共同参与网络文明建设。

四、新时代网络文明建设须坚持“以人民为中心”的发展思想

在网络文明的规范引领下，网络文化能够得以健康发展和繁荣，而网络文化的不断创新与发展则为网络文明的建设注入了新的活力与支撑。新时代的网络文明建设必须坚持“以人民为中心”的原则，聚焦于人民群众广泛关注的网络文化创新，这些创新应紧密贴合时代脉搏，紧跟社会热点，深刻承载并反映人民群众的所思所想。网络文化创新应积极鼓励网民自主创作和传播积极的网络文化产品，赋予他们自由表达与传递心声的权利。同时，网络文化产品的创新设计还需充分考虑网络文化的独特性，强调共创共享的理念，确保网络文明的成果能够广泛而深刻地惠及全体人民群众。

随着数字技术和网络技术的日新月异，网络文化已日益成为当代文化不可或缺的一部分。其显著特征在于高度的自由性、强大的包容性和持续的创

新性，为公众提供了自我表达、信息传递及生活分享的广阔舞台。网络文化的发展不仅镜像般地反映了时代的风貌与特征，更在潜移默化中推动了社会文化的深刻转型与全面升级。鉴于此，下文将从网络文化创新的角度出发，深入探讨如何紧密结合时代特色，直面社会热点议题，深入承载并表达民众的所思所感，以期为促进网络文化的持续创新与发展贡献力量。

（一）把握文化创新方向，引领文化创新潮流

网络文化作为一种新兴的文化形态，其创新需要立足于时代特色，深刻把握时代发展的趋势和特点，不断探索和发掘新的文化价值。在当前数字化、智能化和全球化的时代背景下，网络文化呈现出融合、跨界和多元的趋势。在新时代网络文明建设过程中，网络文化创新更加需要深入挖掘新兴产业、新兴技术和新兴文化形态，通过应用数字技术和网络技术，不断推动文化创新的发展。例如，近年来，随着 VR、AR 和人工智能等技术的不断发展，网络文化的形式已经突破了传统的文字、图片和视频形式，不断涌现出新的文化形态，如虚拟主播、AR 游戏和智能音乐等，这些形态既满足了人们对娱乐、文化和艺术等多元化需求，也促进了数字经济的发展和升级。

网络文化创新还需要关注社会文化的发展趋势，紧密结合时代特点，深入挖掘社会文化的新动力和新价值。例如，在当前全球化和多元化的时代背景下，网络文化创新需要紧密结合国内外文化的交流和融合，通过开展跨文化交流和合作，推动国际文化创新传播与发展。

网络文化不仅具有创新性，还具有引领性。新时代网络文化创新需要直面社会热点问题，引领文化创新的潮流。关注社会发展中的重要热点问题，如经济发展、环境保护、社会和谐和文化传承等，通过网络平台和技术手段，积极传递正能量，引领社会文化的新方向。例如，充分发挥时代背景下互联

网宣传的引导作用，强化网络赋能数字赋能。

新时代网络文化创新还需要关注新型媒体的发展。如今，随着移动互联网和5G技术的普及，短视频、直播等新媒体形态的兴起，新媒体已经成了网络文化创新的重要平台。通过这些新型媒体，人们可以快速传递信息、分享生活、表达情感，推动了社会文化的交流、融合、创新和发展。

（二）承载民众所思所想，创造共享文化空间

网络文化是一种开放、多元的文化形态，具有广泛的参与和共享性。新时代网络文化创新需要承载民众的所思所想，为人们创造一个共享的文化空间。通过网络平台和技术手段，积极引导和鼓励民众参与和创造，自由且大胆地表露自己的需求和心声，共同建立一个开放、包容和共享的网络文化空间。

新时代网络文化创新需要关注人们的文化需求和生活方式的变化，通过不断创新和探索，为人们提供更加丰富多彩、智能化和互动性强的文化产品和服务。例如，在网络音乐、网络游戏和网络电影等领域，人们可以通过互联网平台，欣赏最新最热门的音乐、游戏和电影等艺术作品，并且实时与其他人分享体验、发表评论、互相探讨，形成一个共享和互动的文化生态系统。

新时代网络文化创新还需要关注社会文化的多元性和包容性，积极引导和鼓励文化交流和融合，推动网络文化的国际化和多元化发展。通过网络平台和技术手段，人们可以跨越地域和语言的限制，开展跨文化交流和合作，推动全球文化的多元化和互鉴，为世界文化的发展注入新动力和新活力。

第七章　未来网络空间治理与网络文明建设的发展趋势

未来网络空间治理与网络文明建设与5G网络、“数字中国”等技术发展息息相关，因此本章主要分析了5G时代网络空间治理与网络文明建设的挑战、机遇及实践方略，探讨了中国未来网络空间治理的新思路，深入解析了数字中国建设的战略规划和发展路径等。

第一节　5G时代网络空间治理与网络文明建设的挑战和机遇

5G时代的网络空间治理和网络文明建设面临着新的挑战和机遇。在应对这些挑战和机遇时，我们需要采取一系列措施，如加强网络安全技术研发、推进网络文明建设、加强国际合作和促进人才培养等，为网络空间治理和网络文明建设提供有力的支撑。

一、5G时代网络空间治理与网络文明建设的挑战

作为第五代移动通信技术，5G不仅是通信业的重大进步，也是未来数字化社会发展的重要推动力量。5G技术的高速率、低延迟和大容量等特点，为网络空间的创新和发展带来了无限可能，但同时也带来了诸多风险和挑战。

（一）5G时代网络空间治理的挑战

5G技术的高速率、低延迟和大容量等特点为采集、传输和处理数据带来了更加便捷和高效的技术，但也增加了数据安全和隐私保护的难度。在5G时代，数据泄露、网络攻击等安全事件的风险将进一步加大，因此，需要加强数据安全和隐私保护的技术和制度建设，保障用户的数据安全和隐私权益。

5G技术的快速发展和广泛应用进一步加剧了网络空间的竞争和冲突，需要强化网络空间的规范和治理。网络空间的规范和治理涉及网络法律法规、网络管理制度和网络安全技术等方面，因此，需要完善法律法规的制度建设体系，提高网络治理的科学性和系统性。

5G技术的高速率和低延迟等特点，将进一步加强信息的传递和交流，但也可能降低信息的真实性和可信度。在5G时代，虚假信息等问题更加突出，需要加强对信息真实性和可信度的监管，维护网络空间的健康和有序发展。

（二）5G时代网络文明建设的挑战

5G技术的快速发展和广泛应用将进一步加剧网络道德和公德的缺失，因此需要加强网络文明建设。网络文明建设主要包括网络道德、网络公德和网络法律法规等方面，需要加强对网民、网络人员、管理层的网络文明教育和宣传，提高民众的文明素质和培养道德观念。

5G技术高速率的特点将进一步加速网络文化的传承和创新，但也可能带来一些文化标准化和同质化的问题。在5G时代，网络文化的传承和创新需要注重文化多样性和文化创新，推动网络文化的良性发展和创新，形成具有民族特色和时代精神的网络文化。

5G技术的高速发展增加了人们网络社交的互动频率，但不可避免地存在网络社交的质量和道德问题。在5G时代，网络社交有着更高的真实性和高效性，强调人际关系和社交价值，使人们之间的联系更为密切。

5G时代网络空间治理和网络文明建设面临的这些挑战不仅与技术本身有关，也与社会现实和人们的行为有关。面对这些挑战，需要加强政府、企业、社会组织和个人之间合作，共同推进网络空间治理和网络文明建设。同时，也需要不断探索、创新和完善相关制度和技术，以适应5G时代的发展和变化，实现网络空间的可持续和健康有序的发展。

二、5G时代网络空间治理与网络文明建设的机遇

随着5G技术的不断发展和普及，网络空间的治理和文明建设成了当下亟待解决的问题。我们不仅应该看到其中的挑战，也需要看到其中的发展机遇。

第一，是5G技术推动网络空间治理的创新。一方面，5G技术的高速传输和低延迟特性，使网络空间的数据采集、传输和处理更加便捷和高效，为网络空间治理提供了强有力的技术支撑。另一方面，5G技术的广泛应用进一步推动网络空间治理的创新。例如，在智慧城市、智慧交通等领域的应用，为网络空间治理带来新的发展模式和思路，实现网络空间治理的智能化、精准化和可持续化。

第二，5G技术促进网络文明建设的发展。5G技术的快速发展和广泛应

用，也为网络文明建设带来了新的机遇。5G 技术为网络文明建设提供多样的、高效率的传播方式和多元化的监管手段。例如，网络文化传播、网络道德教育等领域的应用，扩大了网络文明建设的影响力，促进了网络文明建设的新发展。同时，5G 技术的广泛应用进一步促进了网络文化的传承和创新，推动网络文化向多样性和创新性方向发展。

第三，5G 技术推动网络空间治理和文明建设的融合。5G 技术在网络空间监管、网络文明宣传等领域的应用，将实现网络空间治理和文明建设的无缝衔接，推动网络空间治理和文明建设的共同发展和进步。

第四，5G 技术在给网络空间治理和网络文明建设带来挑战的同时也带来了机遇。我们应该充分利用 5G 技术的特点和优势，探索其在网络空间治理和文明建设方面的应用，推动网络空间治理和网络文明建设的创新和进步。同时，也需要加强政府、企业、社会组织和个人的合作与共建，共同推进网络空间治理和网络文明建设。

三、5G 时代的网络空间治理和网络文明建设方略

在 5G 时代，如何制定更加科学、合理的方针策略，以推动网络空间治理和网络文明建设的发展，是我们需要思考和探索的问题。

（一）5G时代的网络空间治理在网络空间治理方面的措施

在网络空间治理方面，5G 时代的网络空间治理需要政府、企业、社会组织和个人的共同努力和合作，需要科学、合理、创新的策略和方法，实现网络空间治理的可持续和健康有序的发展。政府应该加强网络立法和监管，推动网络空间治理的创新和进步，加强网络空间安全保障和人才培养，还要加

强国际合作，推动网络空间治理的全球化。

在 5G 时代，需要建立健全的网络空间法律法规体系。政府应该加强网络立法，制定相关法律和规章，明确网络空间的治理原则和要求。

目前，网络空间的竞争和冲突进一步加剧，因此需要加强网络空间监督和管理。政府应该加强网络空间监管，建立完善的网络空间监管机制，加强网络空间的管理和监督，确保网络空间健康有序发展。

随着 5G 技术的广泛应用，政府应积极推动网络空间治理的创新，同时要加强国际合作，以促进全球网络空间治理的共同发展。

近年来，网络空间安全问题进一步凸显，因此需要构建网络空间安全保障体系。政府应该加强网络安全的管理和监督，加强网络安全技术的研发和应用，提高网络空间的安全保障水平。网络空间治理需要具备高水平的人才和队伍支撑。政府应该加强网络空间人才培养和队伍建设，重视网络空间治理人才的培养和选拔，提高网络空间治理队伍的专业水平和职业素养。

（二）5G时代的网络文明建设在网络文明建设方面的措施

在 5G 时代建设网络文明，需要政府、企业、社会组织和个人的共同努力和通力合作，促进网络文明建设的可持续和健康有序的发展。政府应该加强网络公德教育和宣传，推动网络文化传承和创新，加强网络社交的管理和监督，提高公众的网络素养水平，促进网络文明建设与法制建设相结合。

5G 技术的高速率和低延迟等特点将进一步促进网络文化的传承和创新，政府应该积极引导网络文化的发展，为网络文化的传承和创新提供有效的政策支持和福利保障，促进中国文化发展的多样性和时代性。

5G 时代的网络社交的质量和效率问题进一步凸显，因此需要加强网络社交的管理和监督。政府应该加强网络社交的管理和监督，通过有效措施推动网络社交环境的真实性和高效性。在此背景下，提高全民网络素养和社会网络素质已成为当务之急。政府应该加强网络素养教育，提高公众的网络素养水平，鼓励公众积极参与网络文明建设，营造良好的、健康的、和谐的网络社交环境。

如今，网络文明建设与法制建设相结合，是实现网络文明建设可持续发展的重要途径。政府应该加强网络文明建设与法制建设的协调和配合，推进网络文明建设和法制建设相互促进，实现建设双赢。

第二节　中国未来网络空间治理的思路

中共中央印发的《法治社会建设实施纲要（2020—2025 年）》，主要从推动全社会增强法治观念、健全社会领域制度规范、加强权利保护、推进社会治理法治化、依法治理网络空间等五个方面明确了当前法治社会建设的重点内容，并提出了具体措施。[①] 在此基础上，笔者认为中国未来网络空间治理的思路是构建综合性评估体系、建立综合治理体系、培育高水平的网络治理人才队伍和构建良好网络生态。本节将从四个方面逐一展开说明。

一、构建综合性评估体系，推动网络空间治理发展

实现网络空间治理的目标，需要对网络空间的发展情况进行系统性评估，构建网络空间综合性的评估体系，为网络空间发展现状、趋势等提供系统性、多层次的分析框架，进而为解决方案的设计实施提供参考。

① 首都网警：《未来五年，网络空间治理怎么做？这份〈纲要〉告诉你》，https://baijiahao.baidu.com/s?id=1685493973673606604&wfr=spider&for=pc，访问日期：2023 年 8 月 1 日。

第一，网络空间的发展具有社会性和动态性的特点，因此在分析和评估网络空间的发展趋势和变化方面需要注重网络空间的社会性和动态性，为网络空间治理提供符合社会发展的科学依据。

第二，网络空间治理需要根据网络空间的发展的多样性和统一性的特点，建立多元化的评价指标和统一的评价体系，以保障网络空间的评价的客观性。

第三，网络空间的发展需要重视网络生态的自我修复和积极干预的影响，以实现网络生态的自我调控和良性发展。

第四，网络空间的发展应坚持活跃度和有序性的统一。一方面，需要激发网络空间治理的活力；另一方面，需要确保有序性，以保障网络空间治理逻辑的严谨性和循序渐进的发展。

第五，为了确定网络空间发展态势的评价指标，需要考虑网络空间发展的各个方面，包括网络技术、网络产业、网络文化和网络安全等，对网络空间概况进行全面、系统的分析和评估。在确定网络空间发展态势的评价指标之后，需要搭建网络空间综合性评估体系，建立对网络空间的发展趋势、问题和挑战进行科学、客观、全面、深入的分析和评估体系，为政产学研等各界了解网络生态、推进网络空间治理和构筑良好网络生态提供重要参考。

二、建立综合治理体系，加强网络空间治理法治建设

在网络空间的治理方面，为了满足当下精细化、垂直化的治理需求，需要解决多头治理、深度不足和渠道不畅等问题。因此，应该加快厘清、调整有关网络空间治理的各项法律法规关系，完善相关衔接配套设施，包括技术、人才和管理等方面的配套措施，以建立健全网络空间综合治理体系为目标，积极完善网络空间的立法机制和法规体系，注重治理的基础性、操作性、前

瞻性及交叉性，强化网络空间治理的制度支撑，以确保网络空间治理的有效实施。

为了加强网络空间治理的制度支撑，需要积极完善网络空间的立法机制和法规体系，以此作为网络空间治理的法律保障。

网络空间治理需要注重基础性、操作性、前瞻性及交叉性。基础性治理包括网络基础设施建设、网络安全保障等方面；操作性治理包括网络监管、网络审查等方面；前瞻性治理包括网络发展战略、网络技术创新等方面；交叉性治理包括网络与其他领域的交叉治理等方面。

此外，为了强化网络空间治理的制度支撑，需要不断总结论证、细化条款、完善细则和有效落实，并加快建立长效治理工作机制，加强网络空间建设与管理。

三、培育人才，打造高水平的网络治理人才队伍

2020 年 9 月 11 日习近平总书记在科学家座谈会上指出："人才是第一资源。国家科技创新力的根本源泉在于人。十年树木，百年树人。要把教育摆在更加重要位置，全面提高教育质量，注重培养学生创新意识和创新能力。"①

培育高水平的专业网络治理人才队伍已经成了网络空间治理的关键。网络空间治理能力包含对网络空间发展态势的发现力、研判力、执行力、处置力和引导力等多个方面，因此需要搭建能力全面覆盖的人才梯队，提高治理能力。同时，网络空间新发展格局对人才培养提出了更高、更新的要求——对大数据、传感器和物联网等技术有较高的认知和技术掌握水平，在治理思

① 央广网：《「每日一习话」人才是第一资源》，https://baijiahao.baidu.com/s?id=1738016617975675722&wfr=spider&for=pc，访问日期：2023 年 8 月 1 日。

路与理念方面需要与时俱进。

（一）培育高水平的专业网络治理人才队伍的内涵

打造高水平的专业网络治理人才队伍，需要搭建能力全面覆盖的人才梯队，提高治理能力。人才梯队的内涵包括：具备敏锐的洞察力和深厚的理论基础，能够对网络空间的发展态势进行准确判断；具备严密的执行力和高度的责任感，能够有效地落实网络空间治理的各项任务；具备快速反应的能力和敏锐的危机意识，能够有效地应对网络空间危机事件；具备良好的沟通能力和思维逻辑能力，能够引导网络空间发展方向，促进网络空间治理的顺利进行。

网络空间治理人才要对大数据、传感器、物联网等技术有较高的认知和技术掌握水平，能够在治理工作中灵活运用这些技术方法，提高治理效率和问题解决精度。此外，网络空间治理人才还需要具备一定的信息安全技术知识，能够有效地保障网络空间的安全。

网络空间治理人才在治理思路与理念方面也需要做到与时俱进，跟上时代的步伐，适应新的治理需求。网络空间治理人才需要积极学习和掌握前沿理论和经验，不断提高自己的治理水平和能力。此外，网络空间治理人才还需要具备开放的思维和全球视野，能够积极参与国际合作，推动网络空间治理的国际化和全球化发展。

（二）培育高水平的网络空间治理人才的切实措施

网络空间的竞争，归根结底是人才竞争。建设网络强国，必须有一支优秀的人才队伍。培育高水平的网络空间治理人才的切实措施，具体表现为以下方面：通过开设相关课程、组织专业培训和开展实践活动等方式，让网络空间治理人才不断提升自己的能力；通过招聘、引进和选拔等方式，挖掘优秀的网络空间治理人才，为网络空间治理工作提供更多的人才储备；建立健全的网络空间治理人才激励机制，鼓励网络空间治理人才发挥自身的专业优势和创新能力，推动网络空间治理的创新发展；通过加强国际交流、组织国际研讨会和参加国际合作等方式，推动网络空间治理的国际化和全球化发展，提高网络空间治理人才的国际化素质。

四、构建网络生态，加强网络空间治理能力建设

加强网络空间治理能力建设，增强网络空间健康可持续发展的社会共识，积极参与全球网络空间治理新格局，是构建良好网络生态的必要条件。我们需要通过加强技术研发、加强人才培养和加强制度建设等多种手段，不断提高网络空间治理能力，从而形成有利于网络空间健康可持续发展的社会共识、国际共识，构建良好网络生态，为社会发展和人民幸福作出更大的贡献。

构建网络生态，首先，需要加强对网络空间发展态势的研判和监测，及时掌握网络空间安全风险和威胁的动态，提高对网络空间的态势感知能力。其次，加强网络空间的风险防御能力，及时发现和应对网络安全事件，确保网络空间的安全和稳定。再次，加强网络空间治理的参与斗争能力，有效应对网络攻击和网络犯罪行为，维护网络空间的秩序和安全。最后，加强网络空间治理的协同合作能力，构建多方合作机制，加强国际合作，形成合力，共同应对网络空间治理中的挑战和问题。

构建网络生态系统，需要增强网络空间健康可持续发展的社会共识。政府和主流媒体需要加强主流价值内容的供给，加强对网络空间主流价值观的

宣传和普及，提高主流价值在网络空间的传播力、感染力、号召力和影响力。面对网络意识形态两极化，需要加强对网络空间的管理和监督，防止网络空间出现极端言论和行为，维护网络空间的和谐稳定。随着网络空间出现不良信息、虚假宣传等内容，网络参与者需要提高自身的道德素养和是非观念的判断力，网络审查者需要坚守自己的底线，对威胁网络环境的不良行为进行有力的防控和处罚，以维护网络空间的良好生态。

同时，要积极参与制定国际网络空间治理的规则标准，推动国际网络空间治理体系的建设，提高我国在国际网络空间治理领域的话语权和影响力。要加强国际合作，建立多边合作机制，加强国际交流与合作，共同应对目前网络空间出现的挑战和问题。形成有利于网络空间健康可持续发展的国际共识，推动全球网络空间治理体系的建设，构建国际合作平台，促进全球网络空间治理的可持续发展。

第三节　网络空间治理视域下的数字中国建设规划和发展路径

网络空间治理是数字中国建设的基础和保障，数字中国建设是网络空间治理的重要内容和目标之一。明确网络空间治理和数字中国建设之间的关系，有利于我们深入、全面理解建设数字中国的意义。本节将围绕数字中国建设讨论其战略规划和发展路径。

一、网络空间治理与数字中国建设的密切关系

网络空间治理和数字中国建设是密切相关的。数字中国建设旨在推动我国数字经济、数字社会和数字政府的发展，实现数字化、网络化和智能化的

全面转型。网络空间治理强调遵循法律法规，维护网络空间安全和秩序。只有通过有效的网络空间治理，才能保障数字中国建设的安全和稳定；而数字中国建设的成功实践也将为网络空间治理提供新的思路和方法。

（一）网络空间治理对数字中国建设的意义

1. 网络空间治理是数字中国建设的基础

数字中国建设是重组资源、调整经济结构，改变竞争格局的关键力量。因此数字中国建设必须在一个安全、稳定和可靠的网络空间环境下进行。网络空间建设在确保安全的前提下，为数字经济平台化、生态化的发展趋势，为经济社会全方位数字化转型筑牢基础。因此我们需要建立共同规范的网络空间治理生态，优化网络空间的发展环境。

2. 网络空间治理是数字化发展的必要条件

技术的革新带来社会进步的同时也带来风险和挑战，冲击传统的价值观。当前，互联网成为意识形态竞争的主要场所。由于新技术的发展存在安全漏洞、个人数据过度采集等安全威胁，因此筑牢网络空间治理底线、规范发展网络生态环境，对数字中国建设尤为重要。我们需要强化风险意识和底线思维，构建治理体系，防范网络安全威胁，以安全合规促进数字中国建设的高质量发展。

3. 网络空间治理可以促进数字化技术的应用和创新

数字技术创新活跃、交叉融合、广泛渗透，带来安全可靠、透明公开、隐私保护、公平公正、责任分担等安全与伦理问题。技术迭代以及新应用不断涌现，过去的标准和技术水平落后于实践。因此我们需要通过网络空间治理，构建数字化技术标准体系，紧跟国内外数字技术的最新发展趋势，加强标准顶层设计。通过网络空间治理，围绕数字中国建设整体布局，分析标准短板，明确体系构成，突出关键领域，建立健全网络空间协同工作机制，推动和谐统一、衔接合理、符合现实社会发展的数字化技术。打破数字化技术应用的瓶颈，促进数字化技术的创新和应用，推动数字中国建设的转型升级。

4. 网络空间治理可以提升在全球数字经济中的地位和影响力

随着数字化进程的加快，数字经济已经成了全球经济发展的重要引擎。网络空间治理可以促进数字中国建设的发展，提升我国在全球数字经济中的地位和影响力。

网络空间治理可以通过促进数字化技术的国际合作和交流，加强国际技术标准的制定和落实，推动数字化技术的全球化应用和发展。这有助于我国数字化技术的国际化进程，提高我国数字化技术在国际上的影响力和竞争力，进一步促进数字中国建设的国际化发展。

（二）数字中国建设对网络空间治理的意义

1. 促进网络空间治理体系化和科学化

数字中国建设需要在一个安全、稳定和可靠的网络空间环境下进行。网络空间的安全和秩序是数字化进程的基础，只有建立健全的网络空间治理机制，构建网络空间安全保障体系，才能保障数字中国建设的安全和稳定。因此，数字中国建设促进网络空间治理的体系化和科学化。

数字化技术的发展是以网络空间安全和秩序为基础的，因此网络空间治理必须建立起健全的法律法规、标准规范、技术手段和组织机构等多维度的治理体系。数字中国建设需要加强网络空间的标准化管理，推动网络空间标准的制定和落实，提高网络空间的规范化和标准化水平。

数字中国建设是推动中国式现代化的重要引擎。这种引擎作用不仅体现在构建网络空间治理的体系上，而且体现在夯实数字基础设施和数据资源的基础命脉。因此需要网络空间治理不断地提升网络安全应对能力以及顺应时代发展日益更迭新技术，强化自主创新和确保安全的能力，构建数字治理和国际合作的科学的、融洽的网络环境。

2. 推动网络空间治理互联互通、标准统一

网络基础设施是数字化转型的重要基础设施，包括通信网络、数据中心和云计算等方面。数字中国建设需要加强网络基础设施建设和提升，推动高速宽带网络的建设和普及，提高网络传输速率和带宽，提高网络服务质量和用户体验。

中共中央、国务院印发《数字中国建设整体布局规划》（以下简称《规划》）对数字中国建设进行了全面的部署。在此过程中，需要在网络技术的推动下转变发展方式、优化发展结构、转换发展动力、提升发展质量。数字中国建设推动网络空间治理重视能力水平、协同优势、生态体系和发展环境的互联互通、标准统一。网络空间治理需要提升数字化发展的基础支撑能力和数据利用水平；完善互联网人才的培养机制，发挥市场和海量数据的优势；健全完善治理体系，前瞻布局应对数字化发展中的新风险、新问题、新挑战，营造公平、健康、可持续的发展环境；强化体制机制建设和制度供给，加强政策协同、资源整合、上下联动，强化适应数字化发展的治理体系和治理能力。

二、准确把握加快推进“数字中国”建设的重大意义

2021 年 7 月 1 日，“加快数字化发展，建设数字中国”的数字化战略首次写进了“十四五”规划中。习近平总书记认为“数字技术正以新理念、新业

态、新模式全面融入人类经济、政治、文化、社会、生态文明建设各领域和全过程，给人类生产生活带来广泛而深刻的影响。”数字中国建设是时代的必然选择，加快推进数字中国建设具有重大意义。

（一）时代意义

随着信息技术的不断发展和数字经济的快速崛起，数字中国建设已成为推动新时代生产力发展的必然选择。作为推动社会进步的最活跃、最根本的要素，生产力是社会发展的重要驱动力。在全面深化改革中，坚持发展仍是解决我国所有问题的关键，加快推进数字中国建设是提升国际竞争力和加快经济转型升级的重要路径。

工业革命以来，科学技术的发展已经极大地改变了人类的生存方式，科学技术成了人类进行物质生产实践的决定性力量。进入21世纪，新一轮科技革命方兴未艾，数字经济伴随信息革命浪潮快速发展、迅速崛起，第四次工业革命加速发力，随着5G、人工智能、大数据、物联网和区块链等新一代信息技术的发展，数字经济已成了全球经济发展的关键动力和重要引擎，也是影响当代社会生产力水平高低的决定性因素。因此，加快建设数字中国，主动迎接第四次工业革命是顺应信息时代潮流、抢占未来发展制高点的必然要求。

数字中国建设的核心是推动以科技创新为核心的生产力的发展，激发数字技术的创新活力、要素潜能和发展空间，促进各类要素在生产、分配、流通和消费各环节的有机衔接，引领和驱动产业发展升级、技术创新提速和治理格局优化。数字中国建设的实施需要面向世界科技前沿、面向经济主战场、面向国家重大需求和面向人民生命健康，积极探索数字技术在经济社会各领域的应用，加强数字技术的基础研究和应用开发，推动数字技术与实体经济深度融合，加速数字经济与传统产业的融合升级。

数字中国建设的推进需要加强数字人才培养和创新创业能力的提升，以满足数字化转型的发展需求。数字人才是数字化转型的重要支撑，需要建立健全的数字人才培养体系，包括教育培训、人才引进和人才评价等方面的政策措施，激发数字人才的创新创业精神，加强数字技术与实践的结合，推进数字人才的多元化发展。

数字中国建设的成功实施体现加强政策支持和国际合作的重要作用。政策支持是数字中国建设的重要保障，因此为了加强数字化转型的政策引导和支持力度，需要建立完善的政策法规体系，促进数字经济的发展和数字化转型的加速推进。同时，数字中国建设需要国际合作，数字技术的全球化发展，促进国家间加深数字技术的交流与合作，促进数字经济的繁荣发展。

数字中国建设是我国当前和未来发展的重要方向，也是推动经济社会高质量发展的重要引擎。在数字技术和数字经济的快速发展下，数字化转型已成为全球经济发展的重要趋势，数字中国建设既是适应数字化转型的历史要求，也是推动我国经济社会高质量发展的必然选择。因此，我们需要加强数字化转型的政策引导和支持，加强数字人才培养和创新创业能力的提升，推动数字技术与实体经济深度融合，加速数字经济与传统产业的融合升级，为我国社会转型发展与升级、促进经济社会高质量发展提供强大内生动力，为我国在未来的国际竞争中取得先手优势，实现经济社会的快速发展和全面进步。

（二）战略意义

数字中国建设是中国式现代化的必然选择，也是实现高质量发展的重要支撑。数字技术和数字经济作为新一轮信息革命和产业变革的关键领域，日益成为重组全球要素资源、重塑全球竞争格局的重要因素。美国、欧盟和日本等世界发达经济体都把数字化发展作为实现创新发展的重要动能和提升综合实力的主攻方向，在数字基础设施建设、核心技术创新、企业数字化转型、数字政府建设和数字技能培育等方面全面发力，加快推进战略谋划和整体布局，加快推进经济社会治理的数字化发展。

党中央系统部署并全面推进数字中国建设工作，取得了历史性发展成就。《2022 中国数字经济主题报告》披露，2021 年，我国数字经济规模达到 45.5 万亿元，占国内生产总值比重为 39.8%，由此可见数字经济已成了推动经济增长的主要引擎之一。[①] 数字经济规模连续多年位居全球第二，电子商务交易额、移动支付交易规模位居全球第一。新技术、新产业、新业态、新模式不断涌现，推动经济结构不断优化、经济效益显著提升。数字中国建设在国民经济发展与社会建设中的战略性、基础性和先导性作用日益突出，为中国式现代化提供了重要实践支撑和持续发展的基础。

我国持续拓展数字领域国际合作，积极参与联合国、G20（二十国集团）、BRICS（金砖国家）、APEC（亚洲太平洋经济合作组织）和 WTO（世界贸易组织）等多边机制数字领域国际规则制定，贡献中国方案和中国经验。我国积极提出“中国倡议”，推动全球数字领域交流合作，共同构建和平、安全、开放、合作和有序的网络空间。目前，我国已与 17 个国家签署“数字丝绸之路”合作谅解备忘录，与 23 个国家建立“丝路电商”双边合作机制，与周边国家累计建设 34 条跨境陆缆和多条国际海缆。我国持续加强与“一带一路”沿线国家在数字经济、人工智能、纳米技术和量子计算机等前沿领域合作，促进大数据、云计算和智慧城市等领域技术基础设施建设，向包括“一带一路”倡议成员国在内的约 120 个国家和地区出口北斗卫星系统相关产品，在

① 张敏、尹希宁：《2021 年中国数字经济规模达 45.5 万亿元》，http://news.cyol.com/gb/articles/2022-11/10/content_9NYoesa3M.html，访问日期：2023 年 8 月 1 日。

推动当地经济社会发展中发挥了重要作用。

我国数字经济的发展过程中不断克服技术困难，如关键领域创新能力不足，在操作系统、工业软件、高端芯片和基础材料等领域，技术研发和工艺制造水平落后于国际先进水平。传统产业数字化发展相对较慢，数字化转型存在瓶颈和难点。数字安全、隐私保护等问题也亟待解决。

未来我国数字中国建设需要继续加强核心技术研发和创新能力提升，加快数字基础设施建设和数字化转型升级，加强数字安全和隐私保护，加强数字人才培育和知识产权保护，推动数字化在农业、制造业和服务业等传统领域的广泛应用和深度融合，推动数字经济高质量发展。同时，要加强国际合作，积极参与数字领域国际规则制定和共建“数字丝绸之路”，共同推进全球数字化进程，构建和平、安全、开放、合作和有序的网络空间，为构建人类命运共同体贡献中国力量。

（三）现实意义

数字中国建设是中国推动经济高质量发展和实现共同富裕的现实选择。数字技术的发展是世界性趋势，中国作为全球第二大经济体，数字化的快速推进为中国经济的高质量发展和社会的全面进步提供了新机遇。

数字经济是数字中国建设的核心，它是指利用数字化技术和数据为生产、交易、管理和服务等提供支持的经济形态。数字经济是以信息技术为基础的新型经济形态，是数字化时代的重要经济增长点之一。数字化技术的快速发展已经改变了传统经济的生产方式，提高了生产效率和质量，增强了经济的创新能力，同时也为社会的信息化、智能化、绿色化等方面带来了新机遇。数字经济的发展已经成了中国经济发展的重要推动力量。

数字中国建设已经取得了显著的成就。截至 2022 年年底，我国已建成全球最大的光纤和5G网络：光纤总里程近6000万公里，数据中心总机架近600万个标准机架；全国5G基站超过230万个，占全球5G基站总数的60.0%以上。5G移动电话用户达到5.61亿户，5G芯片、移动操作系统等关键核心技术与国际先进水平差距持续缩小。固定网络速率逐步实现从十兆到千兆的跃升，移动网络实现了从3G突破、4G同步向5G引领的跨越。[①]

我国网民规模达10.67亿，互联网普及率达75.6%，远高于全球65.0%的互联网普及率。移动支付年交易规模达到527万亿元，电子商务年交易额达到42.30万亿元，[②]随着电子商务、远程办公、远程医疗和在线教育等网络应用的全面普及，网约车、网络购物、数字文化和智慧旅游等网络经济的市场规模不断扩大，新经济形态创造了超过2000万个灵活就业岗位。

工业互联网网络体系加速建设，工业互联网应用覆盖45个国民经济大类，形成了涵盖工业互联网网络与标识解释、平台与应用、安全等细分领域的完备的工业互联网产业体系，产业规模超过万亿元，连接工业设备近8000万台，有力推动了工业数字化转型的进程。工业互联网核心产业规模达到了10749亿元，人工智能产业规模达到了4041亿元，云计算市场规模达到了3229亿元，产业数字化规模达到了37.2万亿元，占GDP比重为32.5%。[③]

（四）加快推进数字中国建设进程中存在的挑战与应对措施

虽然数字中国建设取得了显著的成就，但在数字化的进程中还存在一些挑战和问题。数字化在区域、城乡、群体和行业间发展不平衡不充分的现象

---

① 韩鑫：《2022年我国大数据产业规模达1.57万亿元 同比增长18%》，https://m.gmw.cn/baijia/2023-02/22/36383102.html，访问日期：2023年8月1日。

② 赵艳艳：《我国网民规模达10.67亿 互联网普及率达75.6%》，https://baijiahao.baidu.com/s?id=1759249982107518429&wfr=spider&for=pc，访问日期：2023年8月1日。

③ 王海平、常战军：《加快数字中国建设战略的重大意义和推进路径》，http://www.rmlt.com.cn/2023/0315/668340.shtml，访问日期：2023年8月1日。

依然十分明显；部分老年人、残疾人、边远地区人群和农村居民等数字信息运用技能与数字素养水平依然有待提升。数字化领域的不正当竞争、数据安全、隐私保护和技术伦理等问题风险依然存在，需要加强数字安全保障措施和制度建设。数字化所带来的一些新问题，如数字鸿沟、信息孤岛和数字贫困等也需要引起足够的重视和解决。

为了加快推进数字中国建设，中国需要夯实数字基础设施建设和数据资源循环体系“两大基础”，推进数字技术与经济、政治、文化、社会和生态文明建设“五位一体”深度融合。同时，需要强化数字技术创新体系和数字安全屏障“两大能力”，优化数字化发展国内国际“两个环境”。不断催生新产业新业态新模式，以新动能带动新发展，深化信息惠民、弥合数字鸿沟和强化数字治理，让人民群众在加快推进数字中国建设中有更多获得感、幸福感和安全感。

面对数字中国建设进程中存在的挑战，可以采取以下应对措施。

第一，夯实数字基础设施建设和数据资源循环体系“两大基础”。数字基础设施是数字中国建设的核心基础，包括网络基础设施、数据中心、数字设备和数字化应用平台等。中国需要进一步加强数字基础设施建设，完善数字化基础设施的覆盖范围和质量，建设更加先进、高效和安全的数字基础设施。同时，要加快数字化数据资源循环体系的建设和整合，构建统一的数字化数据平台，实现数字化数据的共享和开放，推动数字经济的快速发展。

第二，推进数字技术与经济、政治、文化、社会和生态文明建设“五位一体”深度融合。数字技术的发展已经渗透到了各个领域，数字化技术的应用已经成了经济、政治、文化、社会和生态文明发展的重要支撑。中国需要加强数字技术与各领域的深度融合，推动数字技术与生产力、创新力和竞争力的深度融合，实现数字经济与实体经济、数字政务与民生服务、数字文化与创意产业、数字医疗与健康服务、数字环境与生态保护等方面的协同发展。

第三，强化数字技术创新体系和数字安全屏障“两大能力”。中国需要加强数字技术的研发和创新，加强数字技术的自主可控和核心技术的攻关，推进数字技术与产业的深度融合和创新升级，推动数字技术的快速发展。此外，中国需要加强数字安全的保障措施和制度建设，加大数字安全技术研发和应用投入，构建数字安全风险防范和应对体系，保障数字化发展的安全可控。

第四，不断催生新产业新业态新模式，以新动能带动新发展。数字化的快速发展催生了众多新产业、新业态和新模式，数字化经济的快速崛起已经成了中国经济发展的新动力。中国需要继续推动数字经济的发展，培育数字经济新业态和新模式，加快数字化与实体经济的融合，推动数字经济高质量发展。同时，还需要积极推进数字文化、数字旅游和数字艺术等领域的发展，加强数字化创意产业的培育和发展，推动数字化产业发展呈现良性循环，带动新兴产业的发展，促进经济高质量发展。

三、构筑数字中国建设基石：夯实数字基础设施 + 数据资源体系

数字中国建设是数字时代推进中国式现代化的重要引擎，是构筑国家竞争新优势的有力支撑。[①] 数字基础设施建设利用“数字”生产要素的显著渗透和集约整合能力，对传统基础设施进行改造和赋能。数据资源的流动是基于资源、资产和数据元素资本化的价值转换，以实现数据的高效整合。数字基础设施是数字资源流动的物质载体，为数据资源流动提供底层架构和技术基础，实现数据资源利用的价值。数字资源的流动显著提升了数字基础设施的

① 孙亚男：《新时代数字中国建设的丰富内涵和实践路径》，https://finance.sina.com.cn/jjxw/2023-03-20/doc-imymnsya3405407.shtml，访问日期：2023 年 8 月 1 日。

资产价值，并为数字基础设施建设的规划布局提供了战略性的指导方向。这一过程不仅推动了数字基础设施的构建，还直击数据资源流动过程中遇到的瓶颈、痛点与难点，有效促进了这些问题的解决。数字资源的流动与数字基础设施的完善，两者相辅相成，共同构成了数字中国建设的核心动力系统和动脉循环，为数字中国的全面发展提供了强有力的支撑。

（一）加快数字基础设施建设

随着全球经济陷入低迷，加快数字基础设施建设成了当前经济发展的当务之急。数字基础设施是以数据创新为驱动、通信网络为基础、数据算力设施为核心的新型基础设施体系，可以为产业结构转型升级提供基础，为经济社会转型发展注入新的强劲动力，并助力我国掌握数字基础设施发展的国际主动权。

当前我国经济发展面临需求收缩、供给冲击和预期转弱三重压力，我国经济发展环境的复杂性、严峻性和不确定性上升，经济下行压力不容忽视，迫切需要以新型基础设施建设为抓手，扩大有效投资、稳定经济增长。数字基础设施建设可以为实现这一目标提供有力支持。

数字基础设施建设的核心是以 5G 网络与千兆光网、通用数据中心、超算中心、智能计算中心、边缘数据中心、人工智能、物联网和区块链等为代表的新一代信息通信技术，以及网络信息技术形成的各类数字平台。因此数字基础设施建设，需要适度超前部署未来决定数字经济发展的新型基础设施建设，加快 5G 网络与千兆光网协同建设，深入推进 IPv6 规模部署和应用，推动人工智能、工业互联网和区块链等技术深度应用，推进移动物联网全面发展，大力推进北斗规模应用，打破数据采集、传输、计算、分析和应用的数据壁垒，实现人员、机器、原料、方法和环境等数据资源的流通和共享，全面提升数字服务的可及性与可负担性，加快弥合数字鸿沟，加速释放数字红利，构筑数字中国建设基础底座。

数字基础设施建设的另一个关键点是算力基础设施的优化。系统优化算力基础设施布局，促进东西部算力高效互补和协同联动，引导通用数据中心、超算中心、智能计算中心和边缘数据中心等合理梯次布局。算力基础设施是数字基础设施的核心，优化和建设算力基础设施将为数字经济的发展提供技术支撑和保障。

加快数字基础设施建设不仅关系到经济发展，更关系到国家安全。随着数字化程度的加深，数字化和信息化的安全问题也越来越突出。数字基础设施的建设需要重视数字安全问题，加强数字安全屏障的建设，确保数字化发展的稳定和安全。同时，数字基础设施的建设也需要注重数据隐私保护和个人信息安全，保障人民群众的合法权益。

加快数字基础设施建设，不仅能够为我国经济增长提供新的动力，也可以推动数字化产业的发展。数字基础设施建设将对我国的产业升级、新一代信息技术的创新应用、智慧城市建设、数字政府建设、数字文化创新和数字医疗健康等领域产生深远的影响。

数字基础设施建设的加快还可以扩大内需，带动经济稳增长。数字基础设施建设需要大量资金投入，这将带动相关的产业链和供应链的发展，带动经济的增长。数字基础设施建设也将为数字经济的发展提供巨大的市场空间，为各类企业提供更广阔的发展空间和更多的发展机会。随着数字基础设施建设的不断加快，不同地区之间的数字发展水平将会出现差异，但是数字基础设施的建设将会促进不同地区之间的数字化协同发展，推动区域协调发展。

数字基础设施建设的加快需要政府、企业和社会各界的共同努力。政府需要加大资金投入，加快数字基础设施建设的进程，并制定相应的政策和标准，推动数字基础设施建设的规范化和标准化。企业需要主动参与数字基础设施建设，促进技术创新，推动数字基础设施的应用和革新。社会各界需要加强数字化和信息化的学习和应用，积极参与数字基础设施建设，推进数字化社会的建设。

近年来，我国数字基础设施建设取得了显著进展，在信息技术领域取得了重大突破。数字基础设施建设的加快将有助于我国经济的转型升级，推动数字化产业的发展。同时，数字基础设施建设的加快也将为我国走向数字化社会提供更加坚实的基础。

（二）加快数据资源体系建设

随着数字化、网络化和智能化的不断发展，数据作为新型生产要素已经快速融入生产、分配、流通、消费和社会服务管理等各个领域，并且深刻地影响和改变着我们的生产方式、生活方式和社会治理方式。因此，加快数据资源体系建设已经关系到我国国家发展和安全大局。

加快数据资源体系建设，需要围绕构建数据基础制度，逐步完善数据产权界定、数据流通和交易、数据要素收益分配、公共数据授权使用、数据交易场所建设、数据治理等主要领域的关键环节的政策及标准。其中，数据产权制度的建立是重中之重。数据产权结构性分置和有序流通，需要结合数据要素特性强化高质量数据要素供给。同时，在国家数据分类分级保护制度下，推进数据分类分级、确权授权使用和市场化流通交易，健全数据要素权益保护制度，逐步形成具有中国特色的数据产权制度体系。

建立合规高效、场内外结合的数据要素流通和交易制度对于加快数据资源体系建设也十分重要。需要完善和规范数据流通规则，构建促进使用和流通、场内场外相结合的交易制度体系，规范引导场外交易，培育壮大场内交易。同时，企业有序发展数据跨境流通和交易，建立数据来源可确认、使用范围可界定、流通过程可追溯和安全风险可防范的数据可信流通体系。

在数据要素收益分配方面，要建立体现效率、促进公平的数据要素收益分配制度。为了让全体人民更好地共享数字经济发展成果，需要顺应数字产业化、产业数字化发展趋势，充分发挥市场在资源配置中的决定性作用，更好地发挥政府引导作用。具体而言，应优化数据要素的市场化配置机制，拓宽数据要素市场化配置的范围，并畅通按照价值贡献参与分配的渠道。同时，还需完善数据要素收益的再分配调节机制，以确保发展成果能够更加公平、合理地惠及广大人民群众。

加快数据资源体系建设可以通过建立安全可控、弹性包容的数据要素治理制度。为了保证数据治理的安全性，将安全贯穿数据治理全过程，构建政府、企业和社会多方协同的治理模式，创新政府治理方式，明确各方主体责任和义务，完善行业自律机制，规范市场发展秩序，形成有效市场和有为政府相结合的数据要素治理格局。

在加快数据资源体系建设的过程中，注重各个领域的协同配合，促进制度的完善和创新，推动数字经济高质量发展，为经济社会全面发展提供新的动力和支撑。

四、通过推进“五位一体”深度融合，实现数字中国建设目标

全面推进数字化建设，需要促进数字技术与经济、政治、文化、社会和生态文明建设的深度融合。数字技术与经济建设的融合夯实了数字中国建设的物质基础，数字技术与政治建设的融合优化了数字中国建设的上层建筑，数字技术与文化建设的融合强化了数字中国建设的文化自信，数字技术与社

会建设的融合彰显了数字中国建设以人民为中心的发展理念，数字技术与生态文明建设的融合体现了数字中国建设与美丽中国建设的有机统一。只有推进“五位一体”深度融合，才能发挥数字化带来的巨大潜力，支持经济社会高质量可持续发展，为实现“高质量发展”提供全面支撑。

（一）数字技术与经济建设的融合

数字技术与经济建设的融合，是推动经济社会发展和传统企业数字化转型的重要引擎，是建立现代化产业体系的重要内容，对促进国内国际双循环具有重要作用。它不仅提升产业体系的现代化水平，还对培育国内国际双循环具有重要作用。因此，需要从以下方面进行系统推进。

1. 加快企业新型基础设施建设

加快企业新型基础设施建设，关键是要围绕云计算、物联网、大数据、网络安全和移动互联等新技术，构建相应的新型基础设施。构建企业云服务平台，为企业选择适合的云服务模式，如私有云、公有云和混合云，利用云计算等新技术加强资源管理与调度；搭建物联网系统，在关键企业环节和重点工序中加装传感设备，实现信息采集与传输，为生产运营提供数据支撑；建设大数据分析平台，整合企业内部与外部数据资源，采用云计算、大数据等技术加强数据基础设施建设；完善网络安全防护，采取信息加密、访问控制、网络隔离等措施，对接国家网络安全体系，抵御网络安全风险；提供移动办公能力，选择运营商提供的移动网络服务，建设与之连接的企业移动办公系统，实现远程办公、协同办公等功能。

2. 创新数字化应用场景

创新数字化应用场景，关键是要根据企业业务发展需求，选择适宜的数字技术，特别是人工智能、云计算与大数据等前沿技术，并在产品设计、生产制造、营销服务与管理等方面广泛应用，持续实现应用创新与场景再造，这是推动产业变革与升级的重要途径。

利用 VR 等数字技术研发设计产品，实现数字化产品设计。这可以通过虚拟承载产品研发数据库与设计平台，在数字空间完成产品设计与验证，缩短设计周期与提高设计质量。在生产制造环节广泛应用人工智能、机器人和远程控制等技术，实现生产过程智能化，在机器装备、工艺流程和作业标准等方面广泛应用新技术，打造智能车间，提高自动化与灵活性。

完成研发设计和生产制造后，可以利用大数据、云计算等技术手段，进行数字化营销，通过数字渠道，如移动互联网进行销售渠道拓展，利用数据挖掘进行精准营销，在产品设计、定价、促销和客户关系管理等方面运用新技术，实现创新营销。

在客户服务环节，可以利用移动互联网、云服务等技术，提供数字化的客户服务。通过线上应用与社交平台进行服务，利用人工智能技术采取智能客服，利用大数据对客户画像分析，在全渠道实现一致的个性化服务。

总之，在企业管理的各个环节应用移动技术、云技术和大数据技术，实现管理工作的数字化、网络化和智能化。这需要在信息系统、业务流程和管理方式等方面进行创新，推动管理效率和效能提升。

3. 加快数字化平台建设

加快数字化平台建设，关键是构建产业数字化平台、企业数字化平台与开放创新平台，完善相关标准与运营机制。这是加速产业变革的重要基石。

建立面向数字技术相关的行业产业的数字化平台，实现产业协作与共享。这需要整合行业内关键数据资源，搭建数据交换标准与系统接口，为产业内企业协同应用提供良好的平台环境与工具。

构建企业内部数字化协同与决策平台，整合企业内各系统与数据，实现统一的身份认证、数据访问与应用接入，支持流程重组、移动办公与协同应用。同时，构建面向外部的开放创新平台，与合作伙伴共享数据与应用，需对接平台内外系统，实现数据安全可控的开放，为创新活动提供技术环境与工具支持，促进产学研深度融合。

此外，加快数字化平台的发展，不仅需要积极推进与数字技术紧密相关的行业产业标准与规范建设，还需要建立起数字化平台的长效运营机制。具体而言，应深入研究新技术在行业应用中的融合机制与标准需求，制定统一的数据交换格式、系统接口标准以及严格的安全规范等，从而为数字化平台及其各类应用提供坚实的标准保障。建立数字化平台的长效运营机制，制定平台发展战略与规划，建立决策机制、资金机制与安全机制，采取激励措施吸引合作伙伴，提供高质量的平台服务，不断完善运营规则，实现平台的持续创新与高效运行。

4. 探索数据驱动产数融合发展新模式

探索数据驱动产数融合发展新模式的关键是要研究行业数据资产与技术应用，构建系统的数据采集与治理体系，开发数据驱动应用，并在此基础上构建行业数据生态系统。

针对行业特征与企业需求，研究关键数据资产与热点问题，分析行业内外数据资源，识别企业数据短板，梳理数据驱动研发、生产、营销与管理的痛点难点，为数据采集与应用提供指导。

建立系统全面的数据采集方案与采集体系，需要考虑行业内外各类结构化与非结构化数据，制定有针对性的数据采集方案，部署相应的技术手段与系统，实现自动采集或人工采集相结合。

建立数据质量管理、数据安全管理与数据生命周期管理机制，需要明确数据责任人，完善数据分类与管理标准，建立数据审核、检查与监管体系，对重要数据资产实施加密与访问控制，保障数据的完整性、一致性与安全性。

研究人工智能、大数据分析与机器学习等技术在行业应用的场景与方式，需要针对典型业务痛点与决策难点，开展算法与模型研发，构建数据驱动应用系统，探索更加自动化、优化与智能化的管理决策机制。

在数据采集、治理与应用基础上，构建行业数据生态系统，需要整合各类内外部数据与模型资源，实现跨主体、跨地域的数据连接与共享，形成数据闭环，持续利用丰富的数据资产，发挥数据协同效应，推动产业链协同创新。

5. 积极引入有实力的集成服务商

引入有实力的集成服务商是加速企业数字化转型的重要举措。需要针对需求选择适合服务商的合作模式，明确工作任务，建立管理机制。只有选择优秀的服务商，实现高效合作，才能提高转型速度与质量。

对企业数字化转型与技术应用需求进行评估，明确外部服务支持的范围与内容。通过分析企业自身能力建设情况与技术短板，对照变革规划与发展目标，明确所需外部服务的业务领域与工作环节。

全面调研和甄别潜在的集成服务商。可以考察服务商的经验与典型案例、技术实力、资源整合能力与合作机制等，选择服务品类完整、实力较强与可信度较高的集成服务商。

与集成服务商协商，确定最佳的合作与服务模式。合作服务模式可以根据具体的服务领域、资源投入与管理要求等，采取外包模式、委托开发模式、合资合作模式与战略合作模式等。合作服务时需要综合平衡控制力与灵活性。同时，与集成服务商明确双方在整个服务过程中的职责分工与工作任务。双方针对服务内容、服务方式、资源投入、进度管理、质量标准与绩效考核等方面进行协商，制定任务书与责任清单，为后续管理与评价提供依据。

另外，还要建立管理机制，监督和督促集成服务商的工作进展。可以指定管理团队，针对关键节点与重大问题进行沟通，实施过程管控与结果检验，并给予必要的技术与管理支持。同时，进行定期评估，并根据评估结果决定调整后续服务或终止合作。

6. 完善数字化转型的支持政策

完善数字化转型的支持政策，是推动产业变革的重要举措。只有政策供给能够满足数字变革的需求，并及时调整与优化，才能真正发挥政策引导作用，推动产业数字化转型取得实质性进展。

研究数字技术应用和产业变革过程中，政策供给与需求之间存在矛盾。因此需要广泛收集企事业单位与产业的政策需求，分析现有政策的不足与局限，找到政策优化空间，为政策制定提供基础。

出台吸引、支持与储备数字技术人才的政策措施，可以在税收、社会保障、住房公积金和子女教育等方面给予人才政策优惠，营造吸引人才成长与发展的环境。

出台鼓励企业数字技术应用与自主创新相关政策，可以制定税收优惠、研发补贴和政府采购等政策，在国家产业政策、地方产业政策与部门创新政策层面给予政策倾斜与扶持。同时放宽与数字技术相关的市场准入条件。简化审批流程，降低准入门槛，为新技术企业与新业态放宽市场准入限制条件，增添市场活力与创新力。在此基础上，加大对侵犯知识产权行为的惩处力度，保护企业数字技术创新与应用中产生的知识成果，为创新活动营造良好环境。

（二）数字技术与政治建设的融合

习近平总书记强调，全面贯彻网络强国战略，把数字技术广泛应用于政府管理服务，推动政府数字化、智能化运行，为推进国家治理体系和治理能力现代化提供有力支撑。[①] 随着数字中国、数字社会、数字经济的发展，政治环境和技术环境的变化要求政府必须进行相对应的组织变革，这使得数字党建成为政府建设的必然要求。

1. 数字政务的制度建设

在发展高效协同的数字政务中，加强制度建设至关重要，主要包括加快制度规则创新和完善与数字政务建设相适应的规章制度两个方面。

在加快制度规则创新方面，通过研究网络技术发展对政务流程与服务模式的影响，提出制度创新方案。如研究移动互联网对政务服务的影响，提出应用“互联网+”理念进行制度创新；可以优化审批流程与手续，减少审批环节与时间，识别低效环节，简化或取消不必要审批环节，促进政务高效协同；可以提高政务信息共享水平，实施一件事联办、跨部门协同，研究信息隔离与交换的障碍，修订信息保密与安全制度，制定信息开放与共享的新制度；可以探索政务服务全流程管理新机制，实现跨部门统筹和一站式服务，协调部门间在服务内容、进度与效果上的合作，制定相应的管理协调机制与考核制度。

在完善与数字政务建设相适应的规章制度方面，可以推进电子政务标准与规范建设，研究新技术在政务应用中的标准需求，制定政务信息化建设与服务标准，推进标准化系统与应用；可以加强数字资源与平台管理，制定网络安全、数据资源保护、数据开放与共享等相关规定，确保数字平台与资源得到有效管理与利用；根据数字政务发展需求，研究人才培养模式与考核方式，制定数字政务人才引进、培养和职业发展等相关制度；可以完善政务数字化预算管理机制，制定政务信息化项目立项与资金使用的标准规范，确保

① 金台资讯:《权威解读：深化数字技术融合创新 支撑数字政府智能集约发展》，https://baijiahao.baidu.com/s?id=1737426021535895573&wfr=spider&for=pc，访问日期：2023 年 8 月 1 日。

资金的高效使用与项目的协调推进。

2. 数字政务的能力建设

在发展高效协同的数字政务中，加强能力建设也至关重要，主要包括信息系统网络互联互通、数据按需共享和业务高效协同三个方面。

第一，在信息系统网络互联互通方面，推进政务信息系统联通，研究并清除各部门信息系统的互联互通障碍，采取技术或制度创新方式实现系统的开放对接和资源共享；建立统一的数字政务平台，整合各部门现有信息系统与资源，构建覆盖全政务范围的数字平台，实现政务信息和服务的一体化发布与运营；推进政务网络一体化，统筹各部门专网和办公网络，实现网络资源的整合与重组，构建政务统一专网，保障网络安全与信息传输；建立信息资源目录与发布机制，对全政务范围的信息资源进行统一分类整理，实现政务信息资源的集中管理与按需调用。

第二，在数据按需共享方面，建立政务数据资源目录，对全政务范围的数据资产进行清查与归类，规范数据命名与分类标准；推进对重要政务数据资源实施集中存储与管理，统一数据接入标准与接口，实现数据跨部门和跨地区的连接与调用；完善数据开放和共享制度，制定政务数据安全保护、信息隔离与共享、数据商业化开放等相关制度政策，在保障数据安全的前提下，最大限度地实现数据的共享与开放；建立政务数据平台，构建覆盖全政务的数据接收、存储、管理与服务的基础设施，实现跨部门和跨地区的数据聚合、关联与精准推送。

第三，在业务高效协同方面，进行政务服务重构与流程优化，实现跨部门和跨地区的业务协同，提高政务服务效率。这要求加强制度创新与能力建设，促进人员行为方式变革，实现政务管理者和服务者的协同意识与协作行动，从而形成合力，共同推动数字政务规划落地见效。

3. 数字政务的服务水平提升

公职人员提升服务水平是发展数字政务高效协办的重要表现，主要包括推进“一件事一次办”、推进线上线下融合、加强和规范政务移动互联网应用程序管理。

在推进“一件事一次办”方面，具体工作内容包括：优化政务服务流程，减少冗余审批与报批环节，实现跨部门业务协同，不因行政区域不同而中断服务；整合线上线下服务渠道，实现全渠道统一受理与办理，提高服务便捷性；推进重要民生服务移动化，开发政务服务应用软件与小程序，提供移动终端上门服务等，实现政务服务的线上线下的无缝连接；加强数据共享协同，实现与第三方数据的协同与对接，不因信息不足而拒绝办理或提高服务成本。

在推进线上线下融合方面，具体工作内容包括：在政务服务大厅设置自助服务终端，推进更多服务项目的自助办理；推进视频会商和远程会商，减少申请人跳槽办理的次数；移动政务服务下乡，通过移动数字化服务车等形式，为偏远地区群众提供门槛低的便捷服务；运用人工智能和虚拟现实技术，开发智能问答和虚拟接待系统，实现高效便捷的线上咨询服务。

在加强和规范政务移动互联网应用程序管理方面，具体工作内容包括：规范政务服务应用软件与小程序建设标准，明确技术框架、功能模块和运营服务等要求；加强对政务服务应用软件与小程序的安全审核，降低信息安全风险；研究政务服务应用软件与小程序的数据接口开放与调用机制，促进跨部门和跨区域的数据共享；探索建立政务服务应用软件与小程序评价机制，开展用户体验与评价，不断优化完善；加强政务服务应用软件与小程序内容监管，防止出现违法违规信息。

（三）数字技术与文化建设的融合

这里的文化建设，主要指的是数字文化。随着网络发展，数字文化逐渐成为中国文化建设的重要组成部分，因此需要顺应数字产业化和产业数字化发展趋势，促进数字技术和文化深度融合，以新技术、新手段和新模式激活文化资源，着力打造自信繁荣的数字文化，推动数字文化建设跃上新台阶。

1. 加强网络文化建设

网络文化建设需要联动内容生产者、传播平台与广大网民，通过给予创作者资金扶持和技术引导，以及对传播内容进行监管等协同措施，推动生产传播积极健康的网络文化产品，满足人民日益增长的精神文化需求，助力营造清朗的网络空间氛围。

加强优质网络文化产品供给，政府加大对优质网络文化产品和节目的资助力度，鼓励企业和机构投入更多资源创作生产优质网络文化产品；运用财政资金设立网络文化产品创意与精品专项，鼓励原创性强的网络文化作品的研发与创作；建立网络文化产品质量评价标准与体系，开展内容质量评估，给予高质量内容更多流量支持和推广的机会；加大对优秀网络文化创意的扶持，设立网络文化创意大赛与评选活动，发现原创产品与创意人才。

引导平台和广大网民创作生产积极健康、向上向善的网络文化产品，要加强对网络文化生产主体的内容审核和监管，杜绝不良信息传播；运用技术手段分析内容生产与传播情况，对优质内容进行推荐与传播，减少负面内容的传播机会和渠道；开展网络文化产品创作主体培训，组织网民创意与技能比拼，引导网民自主创作积极向上的内容；鼓励网络平台采取技术创新，推出尊重知识产权、推崇正能量的机制与产品；加强新媒体矩阵建设，满足人民多样化的精神文化需求。

2. 加强文化数字化建设

加强文化数字化建设需要采取顶层设计，制定全面系统的发展战略与规划。加快文化资源数字化建设速度，建立文化大数据与知识服务体系，形成中华文化数据库，实现国家文化软实力的提高及打造产业竞争优势。

实施国家文化数字化战略，需要制定全面系统的文化数字化规划，清晰的时间表、路线图与有力的政策措施。加快文化遗产数字化步伐，建立文化遗产三维数字化创建与展示体系。推进博物馆数字化，加强展品三维扫描与数字化表现力，建立共享的文化遗产数字资源平台。

建设国家文化大数据体系，需要构建覆盖文化生产、传播、消费及相关产业的大数据平台，实施文化创意与产业大数据监测分析。加强对广播影视文化消费大数据的监测，优化媒体生态与产业布局。建立文化企业与产业发展大数据平台，监测企业发展与产业变化，为决策提供数据支持。

形成中华文化数据库，整合现有文化资源，对中华优秀传统文化进行数字化设计，建设一体化的中华文化知识服务系统。构建古籍数字资源库，实现国家珍稀古籍的智能识别与在线检索。加快编辑出版知识产权数字化步伐，建立涵盖古今图书与期刊的全网知识服务平台。推进多语种中华文化知识图谱和百科全书的数字化建设，让世界人民看到中华优秀传统文化的优质内涵。

3. 提升数字文化服务能力

数字技术对公共文化服务发展起到强有力的支撑作用，提升数字文化服务能力需要深化文化供给侧结构性改革，加快发展新型文化企业与模式，推进数字技术与文化深度融合，打造数字化文化产品与服务，拓展文化消费场景，满足人民日新月异的精神文化需求。主要包括打造综合性数字文化展示平台和加快发展新型文化企业、文化业态、文化消费模式两个方面。

在打造综合性数字文化展示平台方面，需要建设国家级数字文化展示与交流平台，展示中华文化积淀，传播优秀网络文化产品；支持地方打造具有区域特色的数字文化展示平台，展示区域文化特色与促进产业发展；鼓励重点行业协会、院校打造专业性数字文化展示平台，聚焦专业领域的文化展示和交流；推动博物馆、图书馆等文化机构建设数字文化展厅，丰富线上线下互动参与体验。

在加快发展新型文化企业、文化业态和文化消费模式方面，要鼓励发展移动互联网文化企业，支持新媒体与短视频平台发展；支持发展云计算与大数据在文化产业中的应用，鼓励发展新兴的数字科技与文化融合企业；鼓励新消费模式与新业态试点，如文化定制等新模式的探索；加强 VR/AR 等新技术在文化消费中的应用，打造沉浸式数字文化体验产品；加快发展智能家居与智慧城市，促进与之相适应的新型数字生活方式和文化消费模式发展。

（四）数字技术与社会建设的融合

社会建设指的是构建普惠便捷的数字社会。数字技术与社会建设的融合是数字中国建设的关键内容。在社会建设融合方面，要利用数字技术提升社会公共服务水平，解决困扰人民生活的“最后一公里”，坚持数字公共服务普惠为民，深化“互联网＋社会服务”，强化就业、社保、养老、托育、助残等重点民生领域社会服务供需对接。[①]

1. 数字公共服务普惠化

数字公共服务普惠化是构建普惠便捷的数字社会的一个重要方面，需要在教育、健康、医疗等领域不断推进数字化和智能化，为人民群众提供更加

① 孙亚男:《新时代数字中国建设的丰富内涵和实践路径》，https://baijiahao.baidu.com/s?id=1760854083295891971&wfr=spider&for=pc，访问日期：2023 年 8 月 1 日。

优质、高效和便捷的公共服务。

为了实现数字教育的普及，需要实施国家教育数字化战略行动。这包括搭建数字教育平台、推广在线教育、提升教师和学生的数字素养等方面。同时，还需要加强基础设施建设，包括校园网络建设、智慧教室建设等，为师生提供便捷智能的教学环境。

国家智慧教育平台是数字教育的核心基础设施，为学生、教师和家长提供更加便捷、高效和个性化的教育服务。为了实现智慧教育平台的普及和便捷，需要建立健全平台的维护和管理，包括搭建统一的全国性教育信息平台、推广在线教育资源、提高人工智能技术和大数据分析技术等方面。同时，还需要加强教师培训和数字素养提升，提高教师利用智慧教育平台提高教学的水平。

数字健康是数字公共服务的重要组成部分，通过利用数字技术和互联网技术，对健康信息进行管理、传递、共享和分析，促进个人健康有效管理和医疗卫生服务的提高。通过建设数字健康信息平台、推广健康管理 App 和智能穿戴设备、以及发展远程医疗和互联网医院等举措，可以有效促进数字健康的普及与应用。同时，还需要加强数据安全保护，保障个人健康信息的隐私和安全。为了规范互联网诊疗和互联网医院，需制定相关政策和法规，加强监督问责体系的建设，明确其服务范围、服务质量、医疗安全等方面的要求。通过在线问诊和远程医疗，提高医疗服务的效率和便捷性。同时，也需要加强医生培训和数字素养，提高医生利用互联网技术开展诊疗的水平。

2. 数字社会治理精准化

数字社会治理精准化是构建普惠便捷的数字社会的重要议题。其中，实现数字乡村发展行动和数字化赋能乡村产业发展、乡村建设和乡村治理是数字社会治理精准化的着力点。

数字乡村发展行动是数字社会治理精准化的重要组成部分，其有效推进乡村信息化和数字化建设，提高乡村经济的发展水平和乡村治理的现代化水平，从而实现数字社会治理精准化的目标。具体措施包括：加强乡村基础设施建设，奠定提高乡村信息化和数字化水平的基石；促进数字农业和智慧农业发展，提高农业生产效率和品质；大力发展数字旅游和智慧旅游，促进乡村旅游发展和乡村旅游产业的转型升级；推进数字教育和数字医疗，提高乡村教育和医疗服务水平；加强数字化农村金融服务，促进乡村金融的发展和乡村经济的融合发展。

数字化赋能乡村产业发展、乡村建设和乡村治理是数字社会治理精准化的重要组成部分，有效推动乡村产业的发展和乡村经济的转型升级，提高乡村生产生活的质量和水平。具体措施包括：推进数字化农业和智慧农村建设，提高农业生产效率和农产品的质量，促进农业产业的转型升级；大力开发乡村旅游资源，融入数字化技术，推动乡村旅游产业的发展和乡村旅游服务的提升；加强数字化乡村治理和社区治理，推广“网格化+数字化”，提高乡村管理的现代化水平以及治理效能。通过微信群、村村享、“腾讯为村”等乡村治理平台，扩大村民参与乡村事务的渠道和载体。

3. 数字生活智能化

打造智慧便民生活圈、打造新型数字消费业态和面向未来的智能化沉浸式服务体验是实现数字生活智能化的关键点。

智慧便民生活圈是数字生活智能化的重要组成部分，为人民群众提供更加便捷、高效、个性化的生活服务，提高人民群众的生活质量和幸福感。打造智慧便民生活圈的具体措施包括：建设智能化社区，提供便捷的社区服务，如社区智能快递柜、智能停车管理等；推广数字化城市公共服务，如数字化城市公共交通、智能化垃圾分类处理等；加强数字化健康服务，如数字化医疗咨询、智能化医疗检测等；推进数字化金融服务，如智能化支付、数字化信用评估等；推广智能家居，提供智能化的家居生活服务，如智能家电、智能家居安防等。

新型数字消费业态可以推动消费模式的转型和消费升级，提高人民群众的消费体验和消费水平，是数字生活智能化的重要体现。打造新型数字消费业态的具体措施包括：推进数字化零售，如无人店、智能购等；发展数字化娱乐，如数字化游戏、虚拟现实和增强现实等；推广数字化旅游，如数字化旅游景区、智能化旅游服务等；加强数字化教育，如在线教育、智能化学习等；推进数字化医疗，如远程医疗、智能化医疗服务等。

面向未来的智能化沉浸式服务体验是数字生活智能化的重要发展方向，旨在利用数字技术和互联网技术，提供更加智能化、沉浸式的服务体验。通过增强现实、虚拟现实、人工智能等技术的应用和更新，为人们的生活提供沉浸式、智能化、个性化的体验和服务；加强物联网技术的应用，实现设备之间的智能互联和智能控制，为人们的生活提供便利；推进5G技术的应用，提供高速率、低延迟和大带宽的服务，增强人们社交互动紧密性；推广智能家居和智慧城市，实现人与城市，人与社会之间的智能互联，进一步实现数字生活智能化。

4. 数字技术与生态文明建设的融合

广泛应用数字技术，为实现生态文明建设提供有力数据分析和信息共享的技术支撑。数字化技术的应用能有效助力生态文明建设，促进建设美丽中国，构筑生态平衡的地球环境系统。数字技术与生态文明建设的融合，可以采取以下方面的措施。

（1）构建智慧高效的生态环境信息化体系

构建智慧高效的生态环境信息化体系是实施生态环境智慧治理的重要组

成部分。其旨在充分利用数字技术和信息化手段，实现对生态环境的精准监测、动态评估和智能化管理，从而提高生态环境管理和保护的效率和精准度，促进生态文明建设的可持续发展。

构建智慧高效的生态环境信息化体系的具体措施包括：建设生态环境监测网络，实现对生态环境的多维度、全时空监测和实时预警，提高生态环境监管的效率和精度；推广数字化生态环境评估，利用遥感、地理信息系统等技术，实现对生态环境质量和生态系统健康状况的精准评估，为生态环境管理和保护提供科学依据；建设数字化环境治理平台，实现对生态环境管理的全流程数字化管理和智能化决策支持，包括环境污染源监管、生态修复和环境应急等方面，提高环境治理效率和质量；推进数字化生态补偿，利用数字技术和区块链等技术，实现对生态服务的估价和补偿，鼓励生态环境保护和修复，促进生态经济发展。

（2）运用数字技术推动环境一体化保护和系统治理

运用数字技术推动山水林田湖草沙一体化保护和系统治理，旨在打破传统行政区划、部门职责的壁垒，实现山水林田湖草沙的协同治理和保护，从而实现资源共享、协同治理和智能化管理，促进生态系统的健康发展和可持续利用。

首先，建立数字化山水林田湖草沙一体化保护平台，实现对山水林田湖草沙资源的共享、整合和智能化管理。其次，推广数字化生态修复技术，如人工湿地、植被恢复和土地复垦等技术，实现对破坏的山水林田湖草沙资源的恢复和重建，促进生态系统健康发展。再次，建设数字化生态保护监管系统，实现对山水林田湖草沙资源的全过程监督和管理，包括资源开发、环境治理、生态保护等方面，提高资源利用效率和生态保护效果。最后，推进数字化生态教育和宣传，通过数字技术和互联网平台，加强对公众的环境保护和生态文明建设的宣传和教育，增强公众的环保意识，提高全民生态文明素质。

（3）构建数字孪生流域为核心的智慧水利体系

构建数字孪生流域为核心的智慧水利体系旨在实现对流域水资源的全面管理和保护，提高水资源利用效率和水环境保护效果，促进水资源的可持续利用和生态文明的建设。

构建此体系可采取的具体措施包括：建立数字孪生流域模型，实现对流域水循环、水文和水力等方面的数字化模拟和预测，为水资源管理和保护提供科学依据；加强数字化水资源管理，如数字化水资源调度、数字化水污染治理等，实现对水资源的数字化管理和智能化决策支持，提高水资源利用效率和水环境保护效果；建设数字化水资源监测网络，实现对流域内水资源的全方位、立体化、动态化监测和管理，包括水量、水质和水生态等方面，提高水资源管理和保护的效率和精度；推进数字化水生态修复，如湿地恢复、河流生态修复等，实现对流域内水生态系统的恢复和重建，促进流域内生态系统健康发展。

五、通过数字技术创新和数字安全保障，激活数字中国建设动力

数字技术创新和数字安全保障是建设数字中国、推进中国现代化的动力。数字技术创新体系将致力于构筑自立自强的数字技术创新体系；数字安全保障将致力于筑牢可信可控的数字安全屏障。二者协同配合，成为数字中国建设的驱动引擎。

（一）通过数字技术创新，激活数字中国建设动力

1. 通过数字技术创新，构筑自立自强的数字技术创新体系

建设数字中国的关键之一在于通过数字技术创新，构筑自立自强的数字技术创新体系。为此，以构建自主可控、产研一体和软硬协同的新一代数字技术创新体系为目标，从而实现数字中国的自主创新和发展。

构筑自主可控的新一代数字技术创新体系是数字中国发展的必要条件。随着数字技术的快速发展，数字化逐渐深入人们的生活和工作中。在这种情况下，建立自主可控的数字技术创新体系对保障国家信息安全、促进整个社会数字化进程以及提高国家核心竞争力具有极其重要的意义。因此，我们需要加强数字技术的自主创新，打破对外依赖，实现自主可控。

加快构建以国家实验室为引领的战略科技力量是数字中国发展的重要举措。在数字技术创新方面，国家实验室可以提供一流的科研设备和技术支持，推动国家数字技术创新的快速发展。因此，我们应该加快建设国家实验室，提高其科技水平和研究能力。同时，我们还需要鼓励各高校和企业积极参与国家实验室的建设和研究，共同推动数字技术创新发展。

整合跨部门、跨学科的创新资源，打好关键核心技术攻坚战，也是数字中国发展的另一举措。在数字技术创新方面，跨部门、跨学科的合作可以促进各领域的知识交流和技术创新，从而更好地解决数字技术创新中的难题。因此，我们需要鼓励各部门和学科之间的合作，推动数字技术创新的跨界融合。

以数字技术创新推进创新体系变革、产业体系变革和治理体系变革，推动国家数字技术创新体系效能的提升，着力增强数字中国支撑能力，切实掌握数字技术发展主动权。在数字技术创新方面，我们需要注重创新体系的变

革，推动数字技术创新更好地服务于国家经济社会发展。同时，我们还需要加强对数字技术创新的治理，促进数字技术的健康发展。

2. 以企业为主体，构筑自立自强的数字技术创新体系

数字技术创新是数字经济发展的核心，而建设数字中国的关键在于构筑自立自强的数字技术创新体系。企业是国家数字技术创新体系的核心主体，是科技创新活动的主要组织者和参与者。为了实现这一目标，强化企业创新的主体地位和科技领军企业的创新主导地位，加快建立以企业为主体的技术创新体系。

要强化企业科技创新主体地位，需要政府出台相关的政策和措施来支持和引导企业加强技术创新和自主研发。政府可以出台税收优惠政策，减少企业的研发成本和创新经济投入。比如，对于符合条件的企业，可以给予研发费用加计扣除、对于超过一定比例的研发费用加速折旧等经济优惠政策，从而鼓励企业技术创新和自主研发的积极性；加大科研经费的投入力度，提高企业的技术创新能力和核心竞争力；完善知识产权法律法规体系，加大知识产权的监管和保护力度，打击侵犯知识产权的假冒伪劣行为，保护企业的知识产权，鼓励企业加强技术创新和自主研发；加强人才引进和培养，为企业的技术创新提供人才支持；出台人才引进政策，吸引国内外高层次人才和优秀人才到企业从事技术创新和自主研发工作；加大对高校毕业生和企业技术人才的培养和支持力度，为企业提供更多的人才资源。

企业提升技术创新能力，需要加强自身的技术创新和研发投入，聚焦核心技术和关键领域，提高自身的自主创新能力和核心竞争力。企业可以通过加强技术创新和研发投入，提高自身的技术水平和研发能力，加强核心技术和关键领域的研究和开发工作，提高自身的自主创新能力和核心竞争力；加强产品创新和服务创新，提高企业的市场竞争力；加强与高校、研究机构等

的合作，实现产学研深度融合，促进各领域的知识交流和技术创新。企业可以与高校、研究机构等建立紧密的合作关系，在技术研发、人才培养和科研成果转化等方面进行深度合作，共同推动数字技术的创新和发展。通过产学研深度融合，企业可以获取更多的先进技术和人才资源，提高自身的技术创新能力和核心竞争力。此外，企业还可以加强国际合作，拓展国际市场，提高企业的国际竞争力。

科技型骨干企业是牵引产业内部大中小企业交流融通、保证产业链安全稳定的“牛鼻子”。因此，科技型骨干企业需要增强科技创新内生动力，努力加强自主研发，增加对应用基础研究的投入，不断地提升自主创新能力和国际竞争力。科技型骨干企业作为现代产业链中的领军角色，需要维系产业链和供应链的安全，以此保障国家科技和产业的安全。科技型骨干企业统筹兼顾企业自身领先发展和领航产业整体发展两大责任目标，政府要放权给这些企业家，给予他们更多的资源调配权、产业联盟建设权、产业标准制定话语权，同时，对骨干企业以及骨干企业的负责人的考核要关注产业整体竞争力。

强化企业的主体地位，需要进一步发挥市场规模的优势，面向企业开放重大的科技创新需求场景。发挥超大规模市场具有丰富应用场景和放大创新收益的优势，通过“企业出题”和市场需求促进创新资源、创新要素的有序流动和合理有效分配，完善促进自主创新成果市场化应用的体制机制，从而促进企业投入科技创新和新兴产业发展。鼓励企业参与国家重大安全工程、国计民生重大工程、前沿科学探索工程，尤其是支持大型央企和军工企业深度参与重大需求场景的任务设计和创新公地建设，通过重大场景驱动，企业主导，推动产学研协同、大中小企业融通创新，实现产业链、创新链、资金链、人才链和政策链五链融合。实施产业跨界融合示范重大工程，打造战略前沿技术和未来技术应用场景，为企业加快科技成果中试熟化、跨越成果转化“死亡谷”，实现关键技术规模化应用，不断提升场景驱动型创新能力和创新效率，加速形成若干未来产业。

3. 进一步鼓励数字技术创新平台建设

在数字经济迅速发展的今天，数字技术创新平台的建设已经成为促进经济发展的重要手段之一。为了进一步促进数字技术创新平台建设，我们需要大力推动中小企业“上云上平台”，鼓励其利用平台的知识资源、信息资源、计算资源和产业资源开展自主创新活动，同时增强平台自主创新能力。

中小企业是经济发展的重要组成部分，其在就业、创新和经济增长方面的贡献不可低估。然而，由于中小企业的规模和资源有限，其自主创新能力和市场竞争力相对较弱。因此，推动中小企业“上云上平台”，促使企业能够更好地利用数字技术平台的优势资源，提升企业的自主创新能力和核心竞争力，具有非常重要的意义。

数字技术平台可以为中小企业提供更多的知识资源、信息资源、计算资源和产业资源，这将有助于提升企业的自主创新能力和增强核心竞争力，促进企业的可持续发展。通过数字技术平台，中小企业可以获取来自全球的创新和技术成果，与其他企业和机构进行合作，共享资源和经验，提高企业的创新能力和效率。数字技术平台可以为中小企业提供更加高效的管理和运营工具，帮助企业更好地应对市场竞争和顺应市场的变化，有效地应对紧急问题所带来的风险。

数字经济已成为全球经济发展的重要驱动力，其发展速度和影响力越来越大。数字技术广泛地应用于经济活动中，数字技术平台的建设和发展可以促进数字经济的发展，推动企业数字化转型和升级，提高经济效率，促进经济结构加速转变，成为全球经济复苏的主要推动力。数字技术可以帮助监管机构实时监测市场动态，提高监管效率和准确性，维护数字经济市场的稳定和健康发展。

数字技术创新平台的建设不仅要满足企业的需求和市场的需求，还需要不断增强自身的创新能力，以保持竞争力和持续发展。具体措施包括：数字技术平台不断引入先进的技术和理念，开展前沿的研究和开发工作，提高自身的技术水平和创新能力；数字技术平台注重对新技术的应用和探索，积极开展试点和示范；不断加强对数字技术的标准化和规范化，提高数字技术的可靠性和稳定性，为数字技术的应用和发展奠定基础；建设数字技术平台需要与企业、高等院校和研究机构建立紧密的合作关系，积极开展产学研深度合作，引进优秀的人才和优秀的技术，分享资源和技术经验，推动数字技术平台的不断创新和发展。

4. 进一步完善知识产权和法律体系

构筑自立自强的数字技术创新体系需要进一步完善知识产权、法律体系。近年来，随着数字经济的快速发展，知识产权保护问题备受关注。知识产权是创新驱动发展的核心，是企业核心竞争力的重要组成部分。因此，需要完善知识产权、法律体系，并且加强知识产权保护和健全知识产权转化收益分配机制。

知识产权保护是保障创新和知识产权转化的前提条件。为了加强知识产权保护，需要完善相关法律法规和制度，加大知识产权的监管和执法力度。此外，还需要加强知识产权的宣传和教育，提高公众对知识产权的重视程度，促进知识产权保护形成良好的社会氛围。同时，企业也需要加强自身的知识产权保护意识，完善知识产权管理体系，保护自身的知识产权不受侵害。

知识产权转化是知识产权的最终价值体现，是企业实现商业价值的重要途径。为了健全知识产权转化收益分配机制，需要加强知识产权的评估和标准化，提高知识产权的市场价值和交易效率。同时，还需要建立知识产权转化机构和平台，为企业提供知识产权转化的专业服务。此外，还需要研究和探讨知识产权转化过程中的收益分配问题，提高知识产权转化的公平性和合理性，促进知识产权的创造、保护和运用。

加强知识产权保护和健全知识产权转化收益分配机制，还需要加强知识产权的国际合作和交流。知识产权保护是全球性的问题，需要国际社会共同努力。因此，需要明确国际知识产权法律的规定和标准，加强国际知识产权保护的合作和交流，促进知识产权的创新和保护。

（二）通过数字安全保障，激活数字中国建设动力

随着数字基础设施的复杂度逐渐提升，为有效应对多变、复杂的网络攻击和数据安全威胁，构建可信可控的网络安全和数据安全综合防控体系，是数字安全保障的关键，对数字中国的建设至关重要。

1. 完善和落实网络安全法律法规和政策体系

随着数字技术的快速发展，越来越多的人开始依赖互联网和数字技术，网络安全和数据安全问题日益凸显。为了保障网络安全和数据安全，必须完善和落实相关的法律法规和政策体系。当前，我国已经制定和出台了《中华人民共和国网络安全法》《中华人民共和国数据安全法》《中华人民共和国个人信息保护法》等一系列法律法规和政策文件，为保障网络安全和数据安全提供了重要的制度支持。

但是，在实际执行过程中，还存在不少问题和挑战。例如，一些企事业单位对网络安全和数据安全的重视程度不够，缺乏有效的安全保障措施；个人用户对网络安全和数据安全的认知不足，存在随意泄露个人信息的情况。因此，需要完善和落实相关的法律法规和政策体系，确保网络安全和数据安

全能够得到全面保障。网络安全和数据安全是一个复杂的系统工程，需要全社会的共同参与和努力。必须加强对网络安全和数据安全的宣传和教育，增强公众的安全意识和防范意识。只有让公众深刻认识到网络安全和数据安全的重要性，才能够更好地保障网络安全和数据安全。

在监督和管理方面，需要加强对网络安全和数据安全的监管和执法力度，沉重打击网络犯罪和数据泄露等违法行为，保障网络安全和数据安全。此外，还需要制定更加严格的数据安全管理制度，规范数据的收集、使用和保护，避免个人信息泄露和被非法利用。

随着数字化逐渐深入人们的生活，网络安全和数据安全的形势也在不断变化，需要不断加强技术研究和创新，提高网络安全和数据安全的防范和应对能力。例如，可以开展网络安全攻防演练活动，提高网络安全的应急处置能力；加强对网络安全和数据安全的技术研究和创新，推动数字化技术的安全发展。

2. 建立数据分类分级保护基础制度

要制定相应的标准和规范，可以根据数据的重要性、涉及的范围和使用场景等因素，将数据分为不同的等级，分别采取相应的安全保护措施。例如，一些关键数据可以采取加密、备份和审计等措施，以保障数据的安全；一些普通数据可以采取适当的备份和防篡改设定，以保障数据的完整性和可用性。

加强对数据安全的监督和管理，确保数据安全得到有效保障。需要建立相应的数据安全管理机构和制度，加强对数据安全的监督和管理，制定并执行相关的数据安全规范和标准，加强对数据的采集、存储、传输、使用和销毁等环节的监管，以确保数据安全得到有效保障。

在技术层面，应该加强对数据安全的技术研究和创新，推广先进的数据安全技术和产品，提高数据安全保障的能力和水平。例如，可以研究和开发基于密码学、区块链等技术的数据安全解决方案，提高数据的安全性和可信度。

加强对数据安全的宣传和教育，提高公众对数据安全的重视程度。可以通过多种形式和渠道，向公众普及数据安全知识，增强公众的安全意识和防范意识，提高公众对数据安全的重视程度。例如，可以开展数据安全知识普及活动、组织数据安全知识竞赛等，增强公众的安全意识，提高技能水平。

3. 健全网络数据监测预警和应急处置工作体系

健全网络数据监测预警和应急处置工作体系，可以及时发现和处理网络安全和数据安全问题。针对网络安全和数据安全问题的不同类型和不同程度，制定相应的制度和规范，明确网络数据监测预警和应急处置的流程和措施。

建立完善的网络数据监测预警机制，可以利用先进的技术手段和工具，对网络数据进行实时监测和分析，及时发现网络安全和数据安全问题，提高网络安全和数据安全的防范和应对能力。此外，还可以建立网络安全和数据安全事件预警系统，对网络安全和数据安全问题进行预警，以便及时采取应对措施。

要建立完善的网络数据应急处置机制，具体包括应急预案、应急响应、应急演练等，可以在网络安全和数据安全问题发生时，及时采取应对措施，减少损失和影响。应急预案是制定应急处置措施和流程的重要文件，应包括应急响应流程、资源调配、应急处置步骤等内容。应急响应是指在网络安全和数据安全事件发生时，按照应急预案进行应急处置。应急演练是指模拟网络安全和数据安全事件的发生，检验应急预案和应急响应的有效性和可靠性，缩短面对突发紧急情况的应对时间。

同时，要加强网络安全和数据安全的技术研究和创新，提高网络安全和数据安全的应对能力。例如，可以研究和开发基于人工智能、大数据等技术的网络数据监测预警和应急处置解决方案，提高网络安全和数据安全的应对能力。

4. 切实维护网络安全，增强数据安全保障能力

网络安全和数据安全是数字经济发展的基石。为了增强数据安全保障能力，需要加强网络安全技术的研究和创新，提高网络安全的防范和应对能力。同时，还需要加强网络安全和数据安全的监管，切实维护网络安全和数据安全，通过多种手段和措施来增强数据安全保障能力。

通过对网络安全进行实时监测和分析，及时发现网络安全问题，采取相应的措施进行应对。例如，研究和开发基于人工智能、大数据和区块链等技术的网络安全解决方案，提高网络安全的防范和应对能力。

构建网络安全和数据安全管理机构，制定并执行相关的安全规范和标准，加强对网络安全和数据安全的监管，防范和打击网络犯罪和数据泄露等违法行为。例如，通过加强对网络平台、互联网企业的监管，建立和完善网络安全和数据安全的评估和监测体系，及时发现和处理网络安全和数据安全问题，减少安全风险和损失。

5. 加强个人信息保护

执法部门积极作为，落实个人信息保护法和相关法律法规对个人信息的保护。国家网信部门做好统筹协调个人信息保护和相关监督管理的工作，对于违反必要原则收集个人信息、未经同意收集信息、未公开或者未明示收集使用规则等违法行为予以警告和处罚，并责令网络平台所属公司停止违法处理个人信息的行为。

网络运营商需要加强个人信息保护的技术手段和措施，提高个人信息的保护和安全性。网络平台可以利用先进的技术手段和工具如密码学、加密技术和数据脱敏技术等，对个人信息进行加密和保护，提高个人信息的安全性。

同时，负责开发软件运行系统的企业，可以加强未知应用对个人信息的访问和授权管理，限制个人信息的访问和使用权限，减少个人信息泄露的风险。

公众个体需要增强对个人信息的保护意识，提高对个人信息保护的重视程度。当遇到一些必须输入个人信息才能登录或完成操作时，输入的个人数据必须限于最小的范围，并且妥善保管自己的口令、账号密码，并定期更改。其次，谨慎注意该网站是否有针对个人数据保护的声明和措施，对允许匿名登录的网站尽量选择匿名登录。

六、通过数字治理生态和数字领域国际合作，优化数字中国建设环境

公平规范的数字治理生态，可以为数字中国建设提供健康可持续的国内发展环境，保证数字中国建设具有广阔的上升空间和发展潜力。开放共赢的数字领域国际合作，通过与数字伙伴共享数字技术和资源，制定国际标准，开放数字贸易等方式，则可以为数字中国建设对标国际先进数字技术，提高国内数字中国建设的质量和水平提供重要保障。上述两者内在统一，相得益彰，确保数字中国建设在全球竞争中保持强大的竞争力。

（一）通过数字治理生态，优化数字中国建设环境

1. 建设公平规范的数字治理生态

随着数字化进程的加速，数字治理成了社会治理的重要组成部分。在此背景下，建设公平规范的数字治理生态已经成为当务之急。健全数字领域的法律法规体系、技术标准体系和网络综合治理体系是建设公平规范的数字治理生态的基础。

数字化进程的加速带来了许多新兴的数字业态，如电子商务、移动支付

和网络教育等，这些业态的发展对数字领域的法律法规提出了新的要求。因此，需要建立健全数字领域相关的法律法规，明确各方的权利和义务，规范数字领域的行为和规则，提升数字治理的透明度和可预期性。例如，可以依据《中华人民共和国网络安全法》《中华人民共和国个人信息保护法》等法律法规，明确数字领域中的数据安全、网络安全和个人信息保护等方面的要求和规定，为数字治理提供法律保障。

健全数字领域的技术标准体系是建设公平规范的数字治理生态的另一个重要基础。技术标准的制定和执行对数字化技术的发展和数字经济的繁荣至关重要。数字经济涉及众多技术领域，如云计算、大数据和人工智能等，这些技术的规范和标准化对数字经济的发展具有重要的推动作用。因此，需要建立统一的技术标准，推动数字化技术的发展，促进数字化经济的繁荣。例如，可以制定、健全数字经济领域的技术标准，规范数字化技术的研发、应用和推广，提高数字化技术的质量和效率，为数字治理提供技术支持。

健全数字领域的网络综合治理体系是建设公平规范的数字治理生态的重要保障。网络综合治理体系是数字化时代网络空间治理的必要手段，需要加强对网络空间的管理和维护，防范和打击网络犯罪，提升网络治理的能力和效果。数字治理的实施需要建立和健全网络安全、网络信息、网络版权和网络文化等方面的综合治理机制。例如，可以加强网络安全管理，防范网络攻击和恶意软件，保障网络安全和数据安全；加强网络信息管理，规范网络信息传播秩序，打击网络谣言和虚假信息，提高网络信息的真实性和可信度；加强网络版权管理，保护版权人的合法权益，维护数字产业的健康发展；加强网络文化管理，营造健康向上的网络文化氛围，引导公众形成健康的、正确的网络道德观。

2. 深入开展网络生态治理

深入开展网络生态治理工作，是建设公平规范的数字治理生态的必要条件。通过深入开展网络生态治理工作，可以实现网络空间的净化、网络秩序的规范、网络文化的健康发展和数字产业的健康发展等目标。具体可以采取以下措施。

第一，提高网络信息的真实性和可信度。网络信息传播的快速发展给社会带来了很多便利，但同时也存在着虚假信息、网络谣言等问题，这些问题会严重影响社会的稳定和秩序。因此，需要加强网络信息管理，建立网络信息监管机制，加大对网络谣言和虚假信息的打击力度，增加网络信息的真实性和可信度。

第二，维护数字产业的健康发展。数字化时代的产业结构正在发生重大变化，数字产业成了推动经济增长的重要力量。然而，数字产业的健康发展离不开对知识产权的保护。要加强对网络版权的管理，建立健全版权保护体系，加大对版权保护力度，减少和防范网络侵权行为，保护版权人的合法权益。

第三，加强网络文化管理。网络文化已成为文化的重要组成部分，因此，网络文化是数字治理的重要组成部分，网络文化的健康发展与社会的和谐稳定息息相关。主流媒体需要加大对主流价值观的宣传，引导公众了解更多的真善美、正能量的文化价值；加强网络文化管理，引导公众合法合规上网，行使言论自由权利的同时，履行公民义务，共同推动网络文化繁荣发展，营造健康向上的网络文化氛围。

（二）通过数字领域国际合作，优化数字中国建设环境

1. 构建开放共赢的数字领域国际合作格局

数字化时代中数字领域的国际合作变得异常重要。数字经济的迅猛发展，让各国都看到了数字化时代带来的机遇和挑战。因此，着眼高水平对外开放，统筹谋划数字领域国际合作，积极参与网络空间国际规则制定，拓展数字领域国际合作空间，高质量搭建数字领域开放合作交流平台体系，成为数字治理的重要方向。

数字领域国际合作的重要性不言而喻。数字化加速了全球经济的互联互通，也使得数字经济成为国家经济发展的重要领域。数字领域的国际合作可以促进各国数字经济的发展，提升数字领域的治理水平，也可以创造更多的机遇和价值。

数字化时代的数字领域合作需要全球性的协作。因此，需要通过国际合作机制来规范数字领域的合作。这需要各国在谋划数字领域国际合作的过程中，加强沟通协商，制定共同的数字治理标准和规则，构建数字领域国际合作的长效机制。

网络空间是数字化时代的重要组成部分，也是数字治理的重要领域之一。网络空间的国际规则制定和实施需要各国共同协作完成。因此，各国需要积极参与网络空间国际规则的制定和实施，加强协商交流，推动数字领域的国际合作，促进数字化时代网络空间的安全和稳定。

另外，数字经济的快速发展促使数字领域国际合作的空间越来越广阔。因此，为了各国在国际合作中加强信息交流，需要搭建高质量数字领域开放合作交流平台体系。数字领域国际合作需要一个高效的交流平台，以促进各国之间的信息共享和合作，为各国之间的数字领域合作提供便利和支持，促

进数字经济的发展和数字化时代的繁荣。

2. 共建“数字丝绸之路”，积极发展“丝路电商”

近年来，随着数字经济的快速发展，数字领域的国际合作变得越来越重要。其中，共建“数字丝绸之路”，积极发展“丝路电商”，可以共同培育全球发展的数字新动能，是我国在数字领域国际合作的重要方向之一。

共建“数字丝绸之路”是数字领域国际合作的重要内容。随着数字经济全球化的趋势，各国在数字领域交流合作日益密切。共建“数字丝绸之路”旨在借鉴“一带一路”倡议的合作模式，通过数字化手段，加强各国之间的数字领域合作。这不仅有助于促进数字经济的发展，还可以加强各国之间的人文交流，增进彼此的了解和增强信任感。

随着互联网技术的发展，数字经济的日益繁荣，电商已经成了全球贸易的重要组成部分。在共建“数字丝绸之路”的背景下，各国可以通过发展“丝路电商”，加强数字经济领域的合作。近年来，伴随“丝路电商”的发展，合作伙伴共同开展政策沟通、规划对接、产业促进、地方合作、能力建设等多层次多领域合作，在守望相助中不断丰富“丝路电商”合作内涵，为相关国家电子商务发展创造有利环境，共同拓展共建“一带一路”经贸合作新领域。“丝路电商”不断提升贸易投资便利化水平，拓展数字经济合作领域，共同为双边经贸关系注入新动能。

近年来，中国数字化水平和能力不断提升，电子商务市场持续繁荣，越来越多的海外商品走进中国市场，数字领域的合作成为各方共享中国超大规模市场红利的全新机遇和路径，展现出中国全面开放、互利共赢的决心和信心。

参考文献

一、著作类

[1] 邓小龙 . 网络空间安全治理 [M]. 北京：北京邮电大学出版社，2020.

[2] 郭春镇 . 自媒体时代网络传言的法律治理研究 [M]. 厦门：厦门大学出版社，2021.

[3] 韩娜 . 全球网络犯罪发展及治理态势研究报告 [M]. 北京：知识产权出版社，2022.

[4] 劳拉·德拉迪斯 . 互联网治理全球博弈 [M]. 覃庆玲，等 . 译 . 北京：中国人民大学出版社，2017.

[5] 鲁传颖 . 全球网络空间稳定：权力演变、安全困境与治理体系构建 [M]. 北京：格致出版社，2022.

[6] 鲁传颖 . 网络空间治理与多利益攸关方理论 [M]. 北京：时事出版社，2016.

[7] 庞宇 . 社会情绪生成与网络突发事件治理 [M]. 北京：机械工业出版社，2022.

[8] 齐佳音.面向国家公共安全的互联网信息行为及治理研究[M].北京：科学出版社，2021.

[9] 任志安.企业知识共享网络理论及其治理研究[M].北京：中国社会科学出版社，2008.

[10] 汪旻艳.网络舆论与中国政府治理[M].南京：南京师范大学出版社，2015.

[11] 王国华.突发事件网络舆情的动力要素及其治理[M].武汉：华中科技大学出版社，2017：170-175.

[12] 王志刚，程乐.网络犯罪学[M].北京：中国政法大学出版社，2023.

[13] 张志安，卢家银.互联网与国家治理发展报告[M].北京：社会科学文献出版社，2018.

[14] 赵志云，葛自发，孙小宁.网络空间治理：全球进展与中国实践[M].北京：社会科学文献出版社，2021.

[15] 钟伟军.网络时代的危机治理：地方政府运用社交媒体的能力与策略研究[M].北京：北京大学出版社，2020.

[16] 周蔚华，徐发波.网络舆情概论[M].北京：中国人民大学出版社，2023.

二、期刊类

[17] 蔡翠红.国家－市场－社会互动中网络空间的全球治理[J].世界经济与政治，2013（9）：90-112.

[18] 董青岭.多元合作主义与网络安全治理[J].世界经济与政治，2014（11）：52-72.

[19] 方滨兴．定义网络空间安全［J］．网络与信息安全学报，2018，4（1）：1-5.

[20] 黄楚新．网络民粹思潮的动态、趋势及对策［J］．人民论坛，2021（3）：26-28.

[21] 黄楚新．网络意识形态的新动向及应对策略［J］．前线，2020（3）：35-38.

[22] 金婷．浅析政务新媒体的发展现状、存在问题及对策建议［J］．电子政务，2015（8）：21-27.

[23] 雷承锋．法治视角的网络社会治理探究［J］．现代传播（中国传媒大学学报），2020，42（12）：138-141.

[24] 李维安，林润辉，范建红．网络治理研究前沿与述评［J］．南开管理评论，2014，17（5）：42-53.

[25] 鲁传颖．试析当前网络空间全球治理困境［J］．现代国际关系，2013（11）：48-54.

[26] 秦前红，李少文．网络公共空间治理的法治原理［J］．现代法学，2014，36（6）：15-26.

[27] 邱玉婷．国外网络综合治理实践经验及启示［J］．互联网天地，2019（8）：28-31.

[28] 冉连，张曦．网络信息内容生态治理：内涵、挑战与路径创新［J］．湖北社会科学，2020（11）：32-38.

[29] 沈逸．全球网络空间治理原则之争与中国的战略选择［J］．外交评论（外交学院学报），2015，32（2）：65-79.

[30] 王贵国．网络空间国际治理的规则及适用［J］．中国法律评论，2021（2）：15-29.

［31］张康之，程倩.网络治理理论及其实践［J］.新视野，2010（6）：36-39.

［32］张勤.网络舆情的生态治理与政府信任重塑［J］.中国行政管理，2014（4）：40-44.

［33］张小强.互联网的网络化治理：用户权利的契约化与网络中介私权力依赖［J］.新闻与传播研究，2018，25（7）：89-108.

［34］张新宝，许可.网络空间主权的治理模式及其制度构建［J］.中国社会科学，2016（8）：139-158.

三、网络资源类

［35］曹音.整治“饭圈”乱象，抵制“低俗暴力”，网络“清朗”一直在行动［EB/OL］.（2022-08-19）［2023-08-01］. https://baijiahao.baidu.com/s?id=1741560216033493154&wfr=spider&for=pc.

［36］工联网.中国电信：数据安全在数字化转型中至关重要［EB/OL］.（2021-09-27）［2023-08-01］. http://www.cww.net.cn/article?from=timeline&id=491958&isappinstalled=0.

［37］居梦，李学锋.为网络空间全球治理贡献中国智慧中国力量［EB/OL］.（2022-12-22）［2023-08-01］. http://www.dangjian.com/shouye/sixianglilun/dangjianpinglun/202212/t20221222_6532197.shtml.

［38］寇程.国家网信办：各国都有权选择适合自己的互联网发展道路不应把自己的模式强加于人［EB/OL］.（2022-11-07）［2023-08-01］. https://baijiahao.baidu.com/s?id=1748819120608708687&wfr=spider&for=pc.

[39] 澎湃新闻 . 依法惩治网暴，营造更清朗有序的网络环境 [EB/OL] .（2023-06-09）[2023-08-01] . https://baijiahao.baidu.com/s?id=1768215512753195884&wfr=spider&for=pc.

[40] 人民日报 . 以创新理念提高网络综合治理能力 [EB/OL] .（2020-03-11）[2023-08-01] . http://www.cac.gov.cn/2020-03/11/c_1585473200114875.htm?from=timeline.

[41] 新浪财经 . 超 1/3 小学生在学龄前就开始使用互联网 [EB/OL] .（2021-08-17）[2023-08-01] . https://finance.sina.com.cn/review/mspl/2021-08-17/doc-ikqciyzm1860687.shtml.

[42] 俞海，王勇，韩孝成 . 党的十八大以来生态文明建设理论与实践 [EB/OL] .（2017-10-18）[2023-08-01] . https://www.cenews.com.cn/news.html？ aid=17921.

[43] 张丽君 . 充分发挥数字经济在推进共同富裕中的重要作用 [EB/OL] .（2022-06-13）[2023-08-01] . https://m.gmw.cn/baijia/2022-06/13/35804840.html.

[44] 张文君 . 认清新时代网络空间治理核心要义 [EB/OL] .（2019-07-04）[2023-08-01] . http://views.ce.cn/view/ent/201907/04/t20190704_32521364.shtml.

[45] 张彦台 . 领导干部要提高网络素养 [EB/OL] .（2020-07-22）[2023-08-01] . https://m.gmw.cn/baijia/2020-07/22/34017148.html.

[46] 张翼 . 探索网络生态治理的实践逻辑 [EB/OL] .（2023-02-21）[2023-08-01] . https://m.gmw.cn/baijia/2023-02/21/36381224.html.

[47] 甄文东 . 新时代新征程网络文明建设的价值意蕴和实践导向 [EB/OL] .（2022-12-31）[2023-08-01] . https://m.gmw.cn/

baijia/2022-12/31/36271546.html.

［48］中国互联网络信息中心 . 第 23 次中国互联网络发展状况统计报告［EB/OL］.（2023-06-17）［2023-08-01］. https://www.stdlibrary.com/p-4724901.html.

［49］中国纪检监察报 . 深入学习领会党的二十大精神［EB/OL］.（2022-11-03）［2023-08-01］. http://theory.people.com.cn/n1/2022/1103/c40531-32557971.html?eqid=f524a10300012f0f000000036497acca.

［50］中国社会科学网 . 加快网络综合治理体系建设［EB/OL］.（2019-08-11）［2023-08-01］. https://www.scimall.org.cn/article/detail?id=390802.

［51］中国新闻网 . 以“四个自信”贯彻互联网治理推进网络空间命运共同体构建［EB/OL］.（2022-07-14）［2023-08-01］.https://baijiahao.baidu.com/s?id=1738314154621660466&wfr=spider&for=pc.

［52］中央政府门户网站 . 商务部：我国超过美国成为世界最大网络零售市场［EB/OL］.（2014-03-09）［2023-08-01］. https://www.gov.cn/xinwen/2014-03/09/content_2634943.htm.